山城里的二十四节气

吕 涛 刘慧琪 主编

U0188155

重庆大学出版社

内容简介

　　本书聚焦重庆地区的气候物候特征，带领读者去感知、体验二十四节气在我们日常生活中的影响和启示。每个节气包括节气初识、节气里的动植物、节气里的我们、节气体验活动、节气自然笔记五个板块。书中图文并茂地呈现了重庆本地的动植物资源、民俗文化、节气时令活动。读者可以在恬淡舒适的文字中、唯美清新的图片中、生动形象的小视频中，领略山城的时节变幻、草长莺飞、花开花谢，体验节气中的农事活动、民俗文化，尝试节气相关的美食制作、科学探秘等活动。

图书在版编目（CIP）数据

　　山城里的二十四节气/吕涛，刘慧琪主编.-- 重庆：
重庆大学出版社，2021.4
　　ISBN 978-7-5689-2643-0

　　Ⅰ.①山… Ⅱ.①吕… ②刘… Ⅲ.①二十四节气-
普及读物 Ⅳ.①P462-49

　　中国版本图书馆CIP数据核字（2021）第062871号

山城里的二十四节气
SHANCHENG LI DE ERSHISI JIEQI

吕　涛　刘慧琪　主编
责任编辑：袁文华　　　版式设计：原豆文化
责任校对：关德强　　　责任印制：赵　晟
*
重庆大学出版社出版发行
出版人：饶帮华
社址：重庆市沙坪坝区大学城西路21号
邮编：401331
电话：（023）88617190　88617185（中小学）
传真：（023）88617186　88617166
网址：http://www.cqup.com.cn
邮箱：fxk@cqup.com.cn（营销中心）
全国新华书店经销
重庆共创印务有限公司印刷
*
开本：710mm×1000mm　1/16　印张：15.75　字数：303千
2021年4月第1版　　2021年4月第1次印刷
ISBN 978-7-5689-2643-0　定价：69.80元

本书如有印刷、装订等质量问题，本社负责调换

版权所有，请勿擅自翻印和用本书
制作各类出版物及配套用书，违者必究

编委会

主　编

吕　涛　刘慧琪

副主编

吴　涤　张爱萍　王思政

编写者

吕　涛	刘慧琪	吴　涤	张爱萍	王思政
杨文倩	罗　香	杨　君	甘江莺	方　嘉
李　玲	李　霞	肖祖讯	余　凯	邓文进
李将萌	鄢天雨	卓　杰	康钰欣	罗玉冰
熊晓羽	黎潇阳	汤　倩	陈　慧	张　秦
廖筱玲	刘婕妤	禹云霜	付　硕	李正杨
邓世林	周　新	陈小刚		

供图者

肖祖讯	刘慧琪	张爱萍	彭 军	王思政	邓世林	甘江莺
鄢天雨	吴 涤	周 健	周 新	方 嘉	廖筱玲	李 敏
杨 君	邓文进	向 望	张成杰	江 龙	欧青青	胡 平
罗 香	卓 杰	康钰欣	李 霞	秦兆华	孙 晶	谢晓峰
杨秀勇	张芙蓉	张光玉	张 鹏	吴 娟	余 毅	张 秦
周 鑫	陈顺伟	崔维科	代开友	李万军	刘世菊	罗 孟
鸣 鸣	莫元春	彭 燕	邵振鲁	汤 倩	田炳芳	田遇春
庹洋洋	王 惠	王 君	吴国艳	吴 双	肖春明	徐后强
杨清雁	杨秋兰	杨 义	余建华	张琪和	郑方杰	钟兰翔
Dilia	vivi	白 杰	曾令华	陈昌贵	陈虹邑	陈仕川
陈 玺	陈星宇	程 军	春 晓	代 娟	戴 倩	方险峰
龚生润	龚显凤	郭小娟	郭宗玉	胡相孟	简哥学拍鸟	
江华志	蒋川铃	金 科	李 都	李锦成	李 娟	李刘燕
李柳红	李 蓉	李水兰	李小卫	李学洪	李益兰	李 毅
李正杨	李志舆	梁清清	廖婉炫	林艳华	刘常伟	刘 欢
刘克玲	刘 鹏	龙前方	隆 艳	马春艳	马笑雨	欧婷婷
潘俊逸	彭云逸	蒲春彦	瞿明斌	太平蜜蜂哥		覃玉平
汤清梅	唐洪梅	唐小平	唐晓均	唐志松	涂和曲	王 静
王 敏	王晓琴	王兴贵	肖云先	袁小渝	熊仕亮	徐 静
许海燕	杨 佳	易守华	喻 言	袁 榕	袁溶澜	袁作明
湛江涛	张冰雪	张 杰	张 霞	张 勇	钟秉峰	钟 鑫
钟 渝	周纯铃	周 伶	周心渝	朱 旦	祝永红	邹煜欣
余 越	郭绍斌	田春梅	李将萌	唐曼玲	严 莹	

序 / PREFACE

　　吕涛老师的又一本新书即将出版，她让我给这本书写个序，因此，我便有机会提前读到这本书。由于出版时间紧，没有很多的时间来消化和总结，仅仅根据初读印象来归纳。该书具有以下几个特点：

　　第一，这是一本漂亮的书。翻开书可以看到，这是一本图文并茂的书。书中有非常多的精美照片。绝大多数页面，都是简要的文字配以色彩丰富、极富内涵的照片。开卷，即有赏心悦目的感觉。

　　第二，这是一本与生活"握手"的书。在书里，你可以读到多姿多彩的生活。种菜、打糍粑、打猪草、锄地、垂钓、灌香肠、包饺子……书里浓缩了一年里的精彩生活片段，诉说着生活的生动、精彩，激发心底的记忆，引发游子的乡愁。

　　第三，这是一本展现生命律动的书。立春、雨水、惊蛰、春分、清明、谷雨，春天里有生命的萌动；立夏、小满、芒种、夏至、小暑、大暑，夏天里有生命的繁茂；立秋、处暑、白露、秋分、寒露、霜降，秋天里有生命的灿烂；立冬、小雪、大雪、冬至、小寒、大寒，冬天里有生命的蛰伏和韧性。生命的律动，是地球上最璀璨的风景。在本书里，那些静态的文字和图片，却一再展示着最能打动人的生命节律。

　　第四，这是一本融入文化血脉的书。二十四节气是中华民族文化基因的组成部分，是优秀中华传统文化的代表。我国先民总结的二十四节气和因时制宜、天人合一的生产和生活智慧，是连接古今的文化血脉。本书的主线，以二十四节气为纲，将观察自然环境、学习科学知识、体验动手过程、享受生活乐趣的诸多活动，融进流淌千年的文化血脉，赋予传统文化以新的时代内涵。

　　第五，这是一本跨学科融合的书。本书不仅仅是介绍二十四节气，还结合二十四节气，融进生物学知识的学习，融进劳动实践过程，当然，也融进人文底蕴、审美情趣。科学、人文，传统、现代，高雅的诗词、平常的生活，都在书里水乳交融、和谐共处。因此，本书很符合当前教育界力主的跨学科学习理念。

第六，这是一本助力实践育人的书。基于本书的上述特点，可以预期，阅读本书会是愉快的、有收获的，而如果开展本书所设计的实践活动，则可以让学生在实践中亲身感受、感悟如何与自然合拍，怎样在实践中学习，从而在劳动中收获、在现代生活中继承传统文化。因此，本书一定是有助于实践育人的。

我 1999 年到人民教育出版社工作之后，20 多年来，由于工作关系，与全国各省市的生物教研员有了密切的交往，与很多生物教研员成为老朋友。吕涛老师也是其中一位。虽然在基础教育界以外，人们对于教研员所起的作用未必清楚，教研员们给行业以外的人的感受可能是"沉默的"，但多年的工作联系，让我对教研员群体有了比较多的了解，他们是基础教育界一支十分重要的力量。优秀的教研员，是本省、本市学科教育教学的权威。一位优秀的教研员，可以影响本省、本市很多的学科教师，助力教师的发展。吕涛老师作为重庆市生物教研员，带领众多初中生物教师，以二十四节气为主线，开发初中生物学实践活动，取得了很好的成绩，推动着生物学学科教学的发展，以实践育人，为学生的成长铺就更宽阔的道路。在我认识的省市生物教研员里，有好几位都和吕涛老师一样，他们在教研员的岗位上，和老师们在一起教研的活动中，引领教师发展，也和教师共同成长，取得了很好的成绩。很为他们高兴。

本书最后一幅图片是"含笑"，忽然觉得，这种花卉很符合教研员群体的特征——淡雅，不张扬，幽香怡人。

（人民教育出版社生物室主任、中国教育学会生物学教学专业委员会秘书长）

2021 年 4 月 7 日，写于北京·魏公村

前言 / FOREWORD

　　二十四节气是中华民族文化基因的基本知识，是我国古代先民通过对自然现象的长期观察、记录、提炼，总结其规律，一步步探索自然奥秘，形成的代代相传的生存智慧，在农业生产和日常生活中具有重要的实践指导意义。它充分体现了中华优秀传统文化中"道法自然，天人合一"的核心思想理念，展现了我国劳动人民热爱自然、尊重自然、顺应自然、倡导人与自然和谐共生的文化传统。

　　为了吸引更多的青少年认识、了解二十四节气这一知识体系及其实践，重庆市教育科学研究院从2017年开始组织全市的初中生物学教师，尝试结合生物学科的教学进行节气课程实践，以节气物候为切入点，从生物学的角度引导学生感知节气、探索节气中的生物学奥秘；让学生关注身边物候变化，跟随节气观察自然变化、记录时节物候、体验节气风俗，增强学生对二十四节气的理性认识和践行能力。经过四年多的摸索、实践，积累了大量的图文资料，现将这些研究成果汇集成本书，期望能让更多的人能够了解节气文化，感知二十四节气在我们日常生活中的影响和启示。

　　本书在解读古人三候的基础上，突出地域特色，感知身边的节气。以二十四节气为载体和契机，积极主动地关注我们的生活，从生活中发现自然之美、生命之美、科学之美。书中绝大多数图片都来自各区县师生的拍摄，图文并茂地呈现了重庆本地的动植物资源、田间农事、日常生活及民俗文化。此外，我们还在每个节气中设计了具有节气特色的实践小活动，有观察探究，也有日常生活生产劳动、创意劳动等。全书将节气文化与人们的生产生活深度融合，使二十四节气这一重要的传统文化遗产在当代社会生活中焕发出新的活力。

　　书中活动都附有小视频，读者可以在恬淡舒适的文字中、唯美清新的图片中、生动形象的小视频中，领略山城的时节变幻、草长莺飞、花开花谢，体验节气中的农事活动、民俗文化，尝试与节气相关的美食制作、科学探秘等活动。本书既是人们走近二十四节气的科普读本，也是针对中小学生进行传统文化教育、开展实践活动的生动素材。期望通过本书，让更多的孩子们知冷暖、晓时节、爱劳动、懂科学、会生活。

　　本书能够顺利集结出版，离不开重庆市 40 个区县广大师生的积极参与和大力支持，师生们深入细致的观察为本书的撰写提供了丰富的素材，感谢大家为本书提供的大量图片资源，感谢编写团队的 30 多位老师，他们的辛勤劳动和默默付出是本书质量的重要保证。

　　衷心感谢重庆市教育科学研究院搭建的平台，感谢重庆市气象局、南开（融侨）中学、永川兴龙湖中学、重庆市第二十九中学、重庆市第九十五中学、西南大学附中、育才中学、重庆市人和中学、荣昌中学、丰都县琢成学校、江津中学、两江巴蜀初级中学校、两江新区星辰初级中学、上桥中学等学校的大力支持。

　　由于编者水平有限，书中难免存在疏漏之处，敬请读者给予批评指正。

吕　涛

2021 年 4 月

目录

CONTENTS

立春

东风送春归
万物始复苏
雪润绿芽出
风催百花俏

立春初识

　　立春，时间点在2月3至5日，是二十四节气中的第一个节气。"立，始建也。"按照我国传统，将节气中"四立"作为四季的开始，立春之日，春天便到了。但根据气象学的标准，立春只是春天的前奏。此时，我国只有华南部分地区进入春季，对全国大多数地方而言，春天的序幕还没有真正拉开。

一候　东风解冻

　　在我国，东风主要是指来自太平洋地区的夏季风，温暖而湿润。冬天的寒冷逐渐被春天的东风刮走，带来的暖湿气流使气温缓缓回升，人们明显感受到天气正在变暖，河流、大地也开始慢慢化冻。

二候　蛰虫始振

　　"蛰虫"泛指寒冬时藏匿起来不活动也不进食的动物，"振"即"动"。立春的暖意渗入土层，蛰伏越冬的动物们已感受到了地面温度的变化，僵硬的身体逐渐变得柔软，在"被窝"里舒展筋骨，准备从朦胧的睡梦中苏醒过来。

三候　鱼陟（zhì）负冰

　　在东风持续的温润下，水面的冰层开始融化，水底的鱼儿感受到春天的温暖，开始到水面游动。但此时水面上还有未完全融化的碎冰片，看起来像鱼儿背着冰游走一样，故称"鱼陟负冰"。

山城立春

立春期间的山城，降雨量开始持续增加，日照时间显著增多。虽然平均气温仍低，寒意犹在，但气温已有明显回升，风吹在脸上不再凛冽，部分地区开始呈现出花开迎春、芳草萋萋的景象。

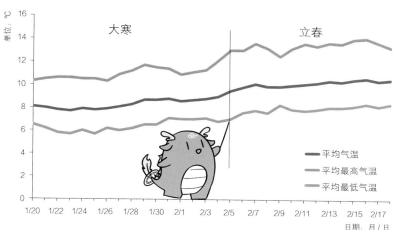

1991—2020年立春时节主城平均气温、平均最高气温、平均最低气温逐日变化图

虽说重庆通常要在立春后20天左右才真正进入春天，但早春的气息已经弥漫开来。东风拂过山城，山间的积雪逐渐融化，告别隆冬的一片萧瑟；墙边的海棠随风绽放，热烈地欢迎春天的到来；院里的玉兰含苞待放，生怕错过早春的风和日暖；地里田间的"百草"急急"回芽"，迫不及待地展露出春的希望；枝头的小鸟轻声歌唱，诉说着万物复苏的点点喜悦！

蚕豆花开　　　　　　望春玉兰　　　　　　蜡梅叶芽

早春雪景

早春孩儿面，一日两三变，
昨日还是风娇日暖，今朝突迎大雪纷飞，
原来是遇上了偶有发生的"倒春寒"！
乍暖还寒的温度，也挡不住芽现、花开，
迎春花静悄悄地舒展开花瓣，吐露出金黄色的花蕊，
早樱随着春风白中透粉，密密地挤满树梢……
历经长久的蛰伏，怀抱明日的希望，
在东风的吹拂下，山城渐露春色。

迎春花

早樱

春剑兰花

晒太阳的猫

生灵们似乎也感受到了春天的召唤，
蛰虫在窝里蠢蠢欲动，
猫咪惬意地伸着懒腰，
蝴蝶穿梭花间忙着传粉，
更不要说那早已立上枝头的小鸟，
正轻声地诉说着眼里的浪漫，
动人的春天畅想曲已开始律动！

蚯蚓

蝉（若虫）

蓝翅希鹛

｜立春里的我们｜

"万物苏萌山水醒，农家岁首又谋耕。"寒冬将要结束，春回大地，冻土化浅，霜冰渐融。尽管此时天气还需经过较长一段时间预热才能慢慢暖和起来，但勤劳的人们已经开始忙活得不亦乐乎了：翻土、播种育苗、田间管理……

翻土

犁地

犁地

播种育苗

人们在立春时节有迎春的习俗。屋外阳光正好，采野菜，不负自然馈赠之深情，满心欢悦，共赏春日好风光；屋内泼墨挥毫，写春贴，邀饱含诚意的春上门，振奋精神，祈祷来年得好意头；人们还会打糍粑制作美食，全家人其乐融融地舂米蒸制，让糍粑的美味沁入心脾，给五脏六腑带来甜蜜……不论哪种习俗，都寄托了人们对未来的美好愿望。

打糍粑

挖野蒜

写春贴

笔记自然

拿起一支笔，

铺开一张纸，

随着春姑娘的脚步，

将眼底的景，

心中的美，

描摹下来，

再配上翔实的文字，

就是灵动的自然笔记。

观察记录

解剖花的结构

观察豌豆花

早春时节的山城，怎能少了随风飞舞的豌豆花？豌豆品种众多，重庆此时开花的多为荷兰豆，即高茎豌豆。豌豆（*Pisum sativum Linn*）属蔷薇目豆科蝶形花亚科植物，因其花冠形似蝴蝶而得名。红的、白的、紫的豌豆花在田野中连成一片，总能让人忍不住驻足多看几眼，它那缠绕的藤蔓、翠绿的嫩叶、如蝴蝶般的花冠，处处都透露着清新淡雅，这就是最美好的田间春意。

小小的豌豆成就了"遗传学之父"——孟德尔，让我们循着孟德尔的足迹，观察认识豌豆花的结构，尝试进行人工辅助授粉，体验实验的乐趣。

观察豌豆花

观察豌豆的生长过程

豌豆花

观察豌豆花

解剖豌豆花

体验人工授粉

立春

　　玉兰，木兰科木兰属落叶乔木，中国特有种。山城的早春时节，花先叶开放，和煦的阳光轻吻玉兰花瓣，温柔的春风轻拂花枝，尽显早春之美好。

雨水

东风解冻
散而为雨
浸润大地
生机盎然

雨水初识

雨水，时间点在 2 月 18 至 20 日，是二十四节气的第二个节气。雨水时节，干燥少雨的天气趋于结束，气温回升，北方冰雪逐渐消融，南方降雨开始增多，故称"雨水"。

一候　獭祭鱼

　　随着气温回升，冰层加速融化，鱼儿游出水面，以便更好地呼吸。爱吃鱼儿的水獭终于可以饱餐一顿。水獭把捕上来的鱼儿整齐地摆在岸边，好像当作贡品祭祀一样，故称"獭祭鱼"。

二候　候雁北

　　"雁"即大雁，雁形目鸭科鸟类，在我国分布广泛，喜欢成群活动，属候鸟。在我国的繁殖地位于中、蒙、俄交界的达乌尔地区和黑龙江流域，而越冬地在长江中下游地区。雨水时节，人们常看到鸿雁成群向北迁徙，故曰"候雁北"。

三候　草木萌动

　　雨水节气的到来，不仅意味着降水量增加，也意味着温度回升，正好满足了植物生长对水分和温度的需求。于是，大部分植物开始返青生长或者种子开始萌发，也有些植物已经含苞待放，整个大地一片欣欣向荣的春日景象。

山城雨水

山城的雨水时节，气温较立春呈持续上升的态势，平均气温逐渐升至 10 ℃以上，但回暖速度有所放缓，且偶有波动，局部地区有降雪天气出现。同时，降雨量和日照时数也显著增加。雨水过后，山城基本完成由冬转春的过渡。

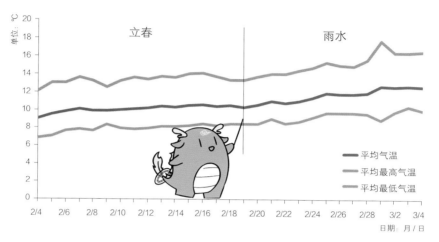

1991—2020 年立春、雨水时节主城平均气温、平均最高气温、平均最低气温逐日变化图

风雨送春归，草之新绿，花之初香，最是一年春好时。与立春节气相比，此时的山城春日气息更加浓烈。在春风春雨的催促下，到处都生机勃勃：草木逐渐抽出嫩芽，披上绿衣，肆意生长；部分植物进入花期，为春天献礼。由于山城独特的地势，人们既可以前往公园赏花，也可以到海拔较高的地区玩雪。一城之内，尽享冬春之景，着实让人感叹大自然的神奇。

乌蕨幼叶　　　　　　　　紫玉兰　　　　　　　　花椒新芽

垂柳抽芽

雨水带给山城万物无声的滋润，
也给它们破土、孕育的勇气。
经过一个寒冬的沉寂，
山城的植物都争着赶来报春，
一片"万草千花一晌开"的美景，
柳树悄悄染绿枝头，
结香吐芽，蓝莓孕蕾，
李花把握时机灿烂绽放……
触目所及，生机尽显。

结香吐芽　　　　　　蓝莓孕蕾　　　　　　李树开花

领雀嘴鹎

雨水至，万物萌动：
蜜蜂忙着在花间穿梭，
采撷春天的甘甜花蜜；
蟾蜍蝌蚪在水中游来游去，
为将要到来的生命历程做足准备；
鸟儿立在枝头，清脆鸣叫，
呼应着春的喜悦……
春天的另一个名字是"生命"。

蜜蜂采蜜　　　　　蝌蚪游动（蟾蜍）　　　　　小鸡觅食

雨水里的我们

"一年之计在于春。"雨水时节，农人们更加忙碌，抓紧时机育秧施肥、果树嫁接、春耕播种……期盼"春种一粒粟，秋收万颗籽"。

肥球育种

肥球育种

果树嫁接

犁田

春耕

雨水带给我们的还有独属于春天的美味。农忙闲暇之余，人们找蕨菜、摘椿芽、制作葛根粉，化作舌尖上的美味盛宴；勤劳的养蜂人忙着清理蜂巢，等待蜜蜂采集花蜜酿成香甜可口的蜂蜜……人们欣然接受大自然的馈赠，享受着如蜜般的美好生活！

找蕨菜

摘椿芽

制作葛根粉

养蜂人清理蜂巢

脆炸玉兰花瓣

玉兰花开，

同沐"雨水"，

娇艳欲滴，

春意愈浓。

撷取正盛的玉兰花瓣，

裹着浓浓的春意一起炸香，

也不失为感受春天的另一种方式。

春天还是播种的季节，

是孩子们体验种植乐趣的最佳时机。

将种子连同希望一起种下，

等待生命轮回于四季交错之间，

盼一分耕耘，

得一分收获。

种菜体验活动

🔍 观鸟活动

清晨，清脆婉转的鸟鸣唤醒了山城的每一寸土地和每一个酣睡的人。鸟儿是大自然的组成部分，是宝贵的资源，保护鸟类对维持生态平衡有重要意义。雨水节气，鸟儿更加活跃，如若你仔细聆听，用心观察，树梢、屋顶、地面等都可以寻到它们的踪迹。

重庆市常见鸟类介绍

白头鹎

白颊噪鹛

红嘴蓝鹊

想要直观、具体、详细地了解重庆境内常见鸟类的特征及活动情况，可以利用望远镜等工具在周边或特定场所进行观鸟活动。掌握正确的观鸟方法，观察并做好记录，可能会有更多惊喜的发现哦！

学习鸟类基本知识及户外观鸟方法

户外观鸟体验活动

雨水

　　李花，蔷薇科李属落叶小乔木。花白，星小而繁茂，素雅清新。
山城的雨水时节，正是李花盛开之时，纷纷扬扬宛若飘落的春天的雪。

惊蛰

春雷惊百蛰
芳菲梦十里
草长莺来歌
花香蝶衣舞

惊蛰初识

惊蛰，时间点在 3 月 5 至 7 日，是二十四节气中的第三个节气，预示着仲春时节的开始。"惊"即惊醒；动物入冬，藏伏土中，不饮不食不动，称为"蛰"。"惊蛰"就是指春雷惊醒了冬眠的动物。

一候 桃始华

惊蛰节气，天气渐渐回暖，桃枝上孕育的花苞开始盛开，故曰"桃始华"。此时，重庆各个地区的桃花逐渐进入盛花期，比如酉阳桃花源、大学城虎峰山、九龙坡走马等地，都是赏桃花的绝佳之处。

二候 仓庚（gēng）鸣

"仓庚"指的是黄鹂，被视为天气回暖的预告者。"仓庚鸣"指的是惊蛰时节，春暖花开，十里锦绣，黄鹂鸟感受到春天的温暖，开始欢快地鸣叫，声音非常婉转动听。

三候 鹰化为鸠

惊蛰春暖之后，人们很少看到鹰，但鸠却忽然多了起来，于是古人就误以为是鹰变成了鸠。实际上，是鹰躲起来悄悄繁殖后代，孵育雏鹰，而原本蛰伏的鸠则忙着鸣叫求偶而已。

山城惊蛰

　　山城的惊蛰时节，因冷暖空气交替，气温还不完全稳定，虽然整体呈升高趋势，但仍有较大波动。早晚微寒，气温时常在 10 ℃左右，在和煦的阳光照耀下，日最高气温又经常进入超 16 ℃的行列，街上常见羽绒服和单衣"齐飞"的画面。

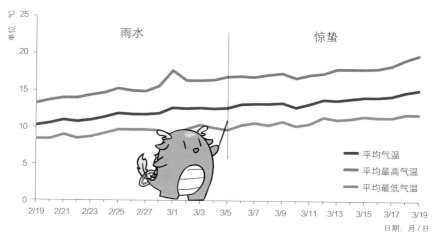

1991—2020 年雨水、惊蛰时节主城平均气温、平均最高气温、平均最低气温逐日变化图

　　九九尽，春意归，不管是山野乡村还是城市园林，桃花、梨花、海棠、牡丹等花竞相盛开；垂柳、石楠、海桐等植物孕育新芽；蝴蝶翩舞，草长莺飞，蜜蜂嗡嗡忙不停，呈现出一幅流动的春日画卷。春雷催生，春雨滋润，万物生长，不论是动物还是植物，都进入了生长的旺盛期。此时正是踏春郊游的好时节，置身野外，既能产生"人面桃花相映红"的嫣然之感，也能体会"芳草鲜美，落英缤纷"的世外之境。

桃花　　　　　　　　梨花　　　　　　　　垂丝海棠

春回大地

春雨润巴渝，
生机满目情。
郁李粉若烟霞，氤氲清香，
牡丹花团锦簇，枝头吐蕊，
樱花洁白无瑕，千媚百态⋯⋯
春发百花灿若云霞，
春孕嫩芽枝繁叶茂，
春育鲜果青翠欲滴。

重瓣郁李　　　　　　　　牡丹　　　　　　　　樱桃

小鸭花林漫步

一场细细的春雨使万物充满生机，
一声隆隆的春雷昭告了惊蛰的来临。
蛰虫惊而出走，与春同闹，
灵鸟嘤嘤歌成曲，
蝶衣翩跹花枝舞，
花田蜜满蜂成市……
惊蛰是新生美梦的开始！

叉尾太阳鸟

蝴蝶

蜜蜂

| 惊蛰里的我们 |

"过了惊蛰节，锄头不停歇。"早春土壤水分比较充足，地温升高，土壤解冻。春雷响，万物长，迎着温暖的阳光，听着牛铃的叮当声，人们抓紧时间犁地、耙地、清理沟渠、播种、施肥……田间地头、场院菜圃，一片繁忙！

种植莲藕

栽玉米苗

修葺鱼塘

育水稻苗

一蓑春雨浸润着、声声春雷敲打着土地这面大鼓，让生命都应和着土地的律动，从容地遍地开花，枝繁叶茂。春耕大忙之余，人们也会打猪草、郊游踏春、蒸梨祛燥、包皮蛋……一切都让生活奔向了人们憧憬的美好景象。

打猪草

郊游

蒸梨

包皮蛋

赏花

惊蛰的山城温暖而欢快，
万物苏醒，生机勃勃。
春光明媚，
约上好友，漫步春天，
惠风和畅，嗅花香，闻鸟鸣，
抑或是趁着植树节，
为自己种下一片春景，
静候其发芽、成长、开花、结果！

种蒲公英

植树

识花

制作桃花糕

留住精彩瞬间——制作干花

　　惊蛰到，百花开，你能区别春日里的各色鲜花吗？如何将它们那转瞬即逝的美延续，甚至变成永恒呢？制作干花不失为一个简单有效的方法，可以利用干燥剂吸干鲜花细胞中的水分，保留细胞中的色素，留住春天，为你的生活增添几分色彩。

惊蛰制作干花

干花作品

惊蛰

　　桃，蔷薇科桃属落叶小乔木。粉红的桃花带来了天气回暖的信息，一朵朵盛放的桃花随风颤动，吐露着春天的芬芳，嫩绿的新叶在阳光的照耀下，绿得发光，绿得发亮。

春分

昼夜均等
寒暑平分
仲春之月
万物竞生

| 春分初识 |

春分，时间点在3月20至22日。此时，昼夜几乎相等，阳光直射赤道，南北半球季节相反，北半球是春季，南半球则是秋季。进入春分后，我国各地白昼开始变长，降水增多，气温总体上较惊蛰有大幅上升。北方地区正值冬去春来的过渡阶段，而南方地区已是百花争妍，春意盎然。

一候 玄鸟至

玄鸟，别名燕子，指雀形目燕科鸟类，我国有11种，多为候鸟。春分时节，燕子开始集群从越冬地迁徙到我国繁殖，故春分有"玄鸟至"的说法。

二候 雷乃发声

雷电通常是指带电云层的放电现象，这一放电过程会产生巨大的声响，即雷声。春季随着气温升高，气流活动加剧，云层放电现象频繁，故雷电数量增加。

三候 始电

雷电发生过程中会产生强烈的光，即闪电。雷电发生时，空气中的氮气、氧气和雨水发生一系列化学反应，生成了可以被农作物直接吸收利用的硝酸盐，即氮肥。氮肥有利于植物在春季迅速生长，故有谚语"雷雨发庄稼"。

山城春分

　　山城的春分，气温较惊蛰节气持续上升，但偶尔也会上演跌宕起伏的磅礴之景：时而艳阳高照温暖如夏，时而瓢泼大雨气温骤降，更有漫天惊雷、天降冰雹的特别天气出现。

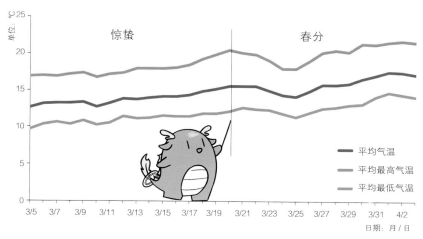

1991—2020年惊蛰、春分时节主城平均气温、平均最高气温、平均最低气温逐日变化图

　　春分时日，"山色连天碧，林花向日明。"用心观察，这是一座彩色的城市：黄绿的是银杏树上生长的雌球花，浅绿的是道路旁喷出云烟的构树雄花，黄色的是果园里盛开的猕猴桃雄花……细心感受，这是一座有味道的城市：馨香馥郁的是含笑，醇熟甘甜的是脐橙，清香微苦的是黄莲花茶……侧耳倾听，这是一座热闹的城市：有繁忙筑巢的燕子，有悠闲散步的小狗，有聊天谈笑的人们……这点点滴滴汇聚起来，形成了山城独有的景色！

银杏雌球花　　　　　　　构树雄花　　　　　　　猕猴桃雄花

满园春色

仲春山城，
眼中姹紫嫣红，鼻尖弥漫花香。
粉的月季透着清甜，
红的杜鹃书写热烈，
莹白的海桐花悄然绽放……
桃李幼果挂满枝头，
待来日，桃染胭脂，李飘芬芳，
你更爱谁的酸甜可口？

杜鹃　　　　　　　　海桐　　　　　　　　李子

黄臀鹎

莺飞燕舞风和煦，
春来处处百花香。
在这春意盎然的时节，
有"燕飞犹个个"的喜悦，
有昆虫欢悦的热闹景象，
亦有三五成群的鸭子嬉戏水中。
春日融融，
万物焕新，
不负春分好时光。

燕子

瓢虫

鸭子

春分里的我们

"一场春雨一场暖，春雨过后春耕忙。"进入春分后，农作物尽情生长，菜苗亭亭、稻禾青青、小麦拔节……你看那田间地头，农人们抢抓农时，忙着整理秧田、移栽作物等，只为静待丰收景象。

豇豆出苗

花生播种

种空心菜

整理秧田

春分时节，巴渝大地春意融融，万物竞生，最是人间好时光，人们走出家门，踏春游、吃春菜、采春茶……劳作、体验、游玩，美景、美味一样不落，山城人民的生活真是巴适得很！

　　除了竖蛋、放风筝、祭春等传统习俗，山城人民也喜欢去山间田野挖野菜，既能与大自然亲密接触，呼吸到新鲜的空气，还能体会农家乐趣，感受别样的快乐。

踏春

放风筝

挖野葱

采清明菜

应时采茶

暖春三月，茶树发芽生长，
经过一冬的休养生息，
春茶芽肥叶硕，色泽翠绿，味醇形美。
当柔嫩的茶叶在茶盏里沉浮，
浅斟慢饮间，
茶香氤氲，惬意悠然。
茶，集风之灵动，雨之晶莹，
品茶，亦是品这春色！

体验采茶、制茶

制作清明粑粑和植物扦插

在和煦的阳光下，乡野田埂间的清明菜披着白色绒毛陆续冒出嫩叶来，散发出阵阵清香。清明菜，学名鼠麴（qū）草（*Gnaphalium affine* D.Don），菊科，一年生草本植物，性平和，有化痰、止咳、降压等功效，川渝一带的人们常常采摘清明菜做成各地特色的"清明粑粑"，馈赠或款待亲友。阳春三月，做一份清香味美的清明粑粑与家人分享，就是幸福！

清明粑粑的制作

清明菜制作而成的清明粑粑

被子植物既可以通过种子在生物圈中世代相续、生生不息，还可以通过扦插繁衍。利用植物的营养器官（根、茎、叶）进行扦插，从而形成独立植株，这种方式可以保持遗传特性的一致性和迅速扩大优良植物的数量。如何利用扦插的方法帮助植物繁殖呢？快快动起手来试试吧！

植物的扦插

植物的扦插

　　泡桐，别名白花泡桐、大果泡桐等，玄参科泡桐属常见落叶乔木。春分时，泡桐花次第开放，浅紫色的花朵如一个个迎风摇曳的小铃铛，似在欢快地传递春的消息。

清明

芳草绿野
春入人间
花红柳绿
恣意寻芳

清明初识

清明，时间点在4月4至6日。古语有云"万物生长此时，皆清洁而明净，故谓之清明"。清明本代表节气，后经过多次演变成为我国慎终追远的传统节日，每逢清明节，人们有祭祀祖先、远足踏青的习俗。

一候　桐始华

油桐是一种双子叶落叶乔木，在我国分布广泛，花瓣呈白色，成熟的果实可以提炼桐油。清明时伴着雨水增多和气温回升，油桐花开始绽放，故曰"桐始华"。

二候　田鼠化为鴽（rú）

"鴽"在古书上指鹌鹑这一类的小型鸟类，体型小而较圆润，羽色多较暗淡，与田鼠一样喜欢潜伏于草丛或灌木中。清明时节，广阔的田野里已经很难见到田鼠的踪迹，取而代之的是鴽鸟，处处可以听到它们的鸣叫。古人对鹌鹑的迁徙没有认识，加上受佛教"轮回"思想的影响，误以为地面活动的鹌鹑是由和它神似的田鼠变成的。

三候　虹始见

自清明开始，雨水逐渐增多，每当雨过天晴，空气中弥漫着很多小水滴，阳光经过它们的折射和反射，天空中便会出现美丽的彩虹，古人将其喻为"守得云开见月明"的吉兆。

山城清明

　　清明的山城，处于气温不断上升带来的明丽、温暖中，天气时雨时晴。日平均气温在 18 ℃左右，回暖的天气，丰沛的降雨，正适合春耕和作物的生长。

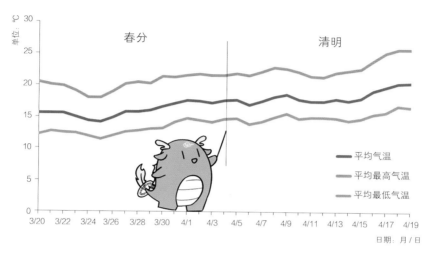

1991—2020 年春分、清明时节主城平均气温、平均最高气温、平均最低气温逐日变化图

　　热闹的桃花、李花开过后，新绿簇拥在枝头，更显得大地清澈明朗、生机勃勃。田野间，小麦孕穗，油菜、豌豆、蚕豆逐渐灌浆饱满，泡桐花、蒲儿根花漫山遍野；城市里，树木新绿，蔷薇花争艳，紫藤花飘香。此时的山城，两江孕万物，清风送春来，高楼掩新绿，春花藏其中，好不美丽！

小麦　　　　　　　　蒲儿根　　　　　　　　蔷薇

春意融融

明媚的春光洒落山城，

黄桷树新芽冒出，清新袭人，

紫藤花妩媚，洋槐花精致，苦楝花灿烂……

或美艳，或优雅，散发着万种风情。

山城漫步，花香随行，

片刻休憩，满目春情。

原野披上绿装，山花点缀其间，

鸟儿欢快的歌声填满了大地的每一处缝隙。

最美人间四月天，挥去春寒尽清明！

洋槐花　　　　　　　　　紫藤花　　　　　　　　　苦楝花

花果同树的血橙

有这么一些植物，
它将去年储存的能量变为了甘甜，
拥抱今年盛开的芬芳，
形成了这种神奇的现象——花果同树。
花与果的精彩邂逅，
从春分到清明，空气中持续弥漫着橙花与橙的馨香，
飘香百里惹人醉。

脐橙

柠檬

沃柑

| 清明里的我们 |

　　"清明前后，点瓜种豆"，清明节气与农业生产有着密切的关系。此时，时雨时晴，正是春雨润万物的大好时节。农人们纷纷忙着春耕春种——或锄草、或种菜、或采茶、或养蚕，播撒下希望的种子，期待着丰收的喜悦。

除草

育丝瓜苗

养蚕

覆膜

阳光透过树叶间的缝隙，影影绰绰，颗颗"樱珠"，闪耀在枝间叶丛，晶莹剔透；串串洋槐花，垂挂在绿叶间，洁白如雪。乡村的空气中，弥漫着素雅的清香，沁人心脾。人们结伴出游、踏青寻春，樱桃林中、槐花树下穿梭来往，体验采摘乐趣，品尝自然美味。

摘樱桃

摘槐花

摘橘子

踏青

踏青研学

借踏青研学之机，
采集艾草或鼠麹草，
捣之为汁，和粉作团，
咸甜兼得，口感丰富，
青团油绿如玉，糯韧绵软，清香扑鼻。
借着这些散发本草清香的青馎（yè），感受春的气息。
也希望将整个春天的温柔尽收口中之时，
能借物感念，慰藉情思，祭祀先人。

制作清明团子

腊叶标本的采集和制作

对植物的辨识和学习，除了观察新鲜实物外，借助植物标本也是不错的方式。趁着清明踏青的机会，让我们一起去采集、制作植物标本吧！

腊叶标本的采集和制作

腊叶标本作品

清明

油桐，大戟科油桐属落叶乔木。清明一过，又到了油桐花盛开的日子，一阵风吹过，花朵如同白雪一样纷纷扬扬，散发着淡淡的香味，给人们带来别致的美景。

谷雨

雨生百谷
绿荫茂林
鸟鸣婉转
柳絮飘飞

| 谷雨初识 |

谷雨，时间点在 4 月 19 至 21 日，是春季的最后一个节气。谷雨节气的到来意味着寒潮天气基本结束，气温回升加快，有利于谷类农作物的生长。

一候　萍始生

浮萍又称青萍、浮萍草、水浮萍，是浮萍科水面浮生植物。浮萍喜欢温热潮湿的气候，谷雨时节降雨增多，水温升高，一晚上能冒出许许多多，正如明代医学家李时珍所说"一叶经宿即生数叶"。

二候　鸣鸠拂其羽

"鸠"即斑鸠，谷雨时节正值斑鸠的求偶期，雄性斑鸠会在绕圈飞行时将身体极度倾斜并舒展翅膀和尾部的羽毛，同时发出"咕咕～咕"的叫声以完成求偶。另外，因为杜鹃和斑鸠的叫声极其相似，所以这里的"鸠"还被认为是杜鹃。

三候　戴胜降于桑

戴胜是一种在地上觅食的鸟类，平时很少在树上活动。谷雨时节，戴胜会在树洞内繁殖和育雏，它不仅在桑树上筑巢，在柳树或其他树上甚至屋檐墙洞都可以筑巢。古时候的桑树比现在要多，谷雨时桑树繁茂，"戴胜降于桑"就成了常见景象。

山城谷雨

谷雨时节，"雨频霜断气温和"，与清明相比，气温持续回升，降水量和日照时数增加一倍多，夜雨昼晴，正适合庄稼生长。

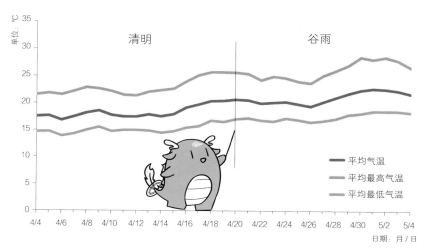

1991—2020 年清明、谷雨时节主城平均气温、平均最高气温、平均最低气温逐日变化图

四月的重庆，春雨已成常客，天气初显炎热，虽然暮春时令将尽，但草木翁郁、百花娇艳、柳絮飘飞、浮萍始生、杜鹃夜啼，自是一派繁盛景象。红千层悄然盛放，枸杞花开淡紫，过路黄道边欢闹；辣椒花、茄子花低调绽放，悄悄孕育果实，黄葛树的果也展现出两幅不同面孔，有的早已熟透，红果洒落满地，有的竟是新生张扬挂在枝头。春风和融，草色萋萋，正是万物生长的好时节。

| 柳絮飘飞 | 枸杞花开 | 辣椒花盛 |

高山杜鹃

高山杜鹃花开正盛，铁线莲朵大花繁，
罗汉松穗状雄花簇簇挺立在叶间，
苦楝开至尾声，吹响春收场的号角。
覆盆子、杨梅、桃、李日渐饱满，
桑葚熟透显出诱人的黑紫。
百花娇艳，硕果甘甜，
交织成一支欢快的协奏曲。

铁线莲

罗汉松雄花

桑葚

牛背鹭

谷雨的山城，
禽类煞是热闹，
处处能见鸟儿的身影。
戴胜鸣声悦耳，
牛背鹭振翅翩跹，
歌乐山猛禽过境，
为这最后的春景平添生机。

池鹭

戴胜

凤头蜂鹰

谷雨里的我们

"谷雨，谷得雨而生也"，此时的重庆，夜雨率为全年之最，雨水丰沛，温暖适宜，农民们也利用好天气，在田地里及时收油菜、种黄豆、玉米追肥、插秧苗，忙不停歇。

打油菜籽

播种黄豆

玉米追肥

插秧苗

此时，胡豆（蚕豆）也大量上市，物美价廉，老人们常说"清明嫩水水，谷雨黑嘴嘴"，指的就是谷雨时节的胡豆已经成熟。

拔胡豆

丘陵上，茶树也长出了嫩芽。"诗写梅花月，茶煎谷雨茶"，谷雨茶就是谷雨时节采制的春茶，其细嫩清香，味道极佳。除却味如甘霖的春茶，谷雨的果实同样芳香诱人。桑果已熟，山莓可口，摘一把果子，让自然的甘甜消解疲乏。

制茶　　　　　　　　　　　　　品茶

摘桑葚　　　　　　　　　　　　摘山莓

赏芍药

芍药渐次开放，
蛰伏的昆虫们也早已恢复活力，
适宜领着孩子们到户外，
赏芍药、识昆虫。
气温回升，桑枝繁茂，
便可以养蚕了，
见证春蚕的破茧成蝶，
感知生命的精彩变化。

牡丹与芍药

天牛

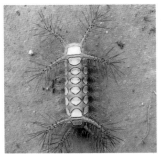

桑褐刺蛾

养蚕

制作植物敲拓染

谷雨可谓是敲拓染的最佳时期，此时植物各器官中含水量多，夏季植物含水量逐渐变少，秋冬季植物又有枯叶凋落的现象，导致敲拓染效果变差。趁着园林修剪植物枝叶、园艺造型，让我们用修剪遗落的枝叶花果，留住自然的颜色吧！

植物敲拓染的制作

制作植物敲拓染

谷雨

　　山莓，又名树莓、撒秧泡、四月泡，蔷薇科悬钩子属植物。重庆的谷雨时节，山莓大量成熟，恰逢农民们插秧的繁忙之时，所以它在重庆也叫作"栽秧泡"。

立夏

绿荫遍野
风暖昼长
横塘新莲
花丛蝶忙

立夏初识

　　立夏，时间点在5月5至7日，是夏季的第一个节气。"立"指建立、开始；"夏"，假也，物至此时皆假大也，即植物进入快速生长期。"立夏"节气的到来意味着植物开始长大长高，农作物进入生长旺季。

一候　蝼蝈鸣

　　"蝼蝈"有两种解释：蛙或蝼蝈。立夏之后，经常会听到水塘里青蛙此起彼伏的"呱呱呱"鸣叫声。在《月令七十二候集解》中，把昼伏夜出的蝼蝈大声鸣叫也称为"蝼蝈鸣"。

二候　蚯蚓出

　　蚯蚓常穴居在潮湿、疏松和肥沃的泥土中。立夏后，雨量和雨日明显增多，过多的雨水把土粒缝隙中的空气挤压出去，蚯蚓会因缺氧纷纷爬到地面呼吸，故曰"蚯蚓出"。

三候　王瓜生

　　王瓜是多年生草质藤本植物，大部分生长在山坡疏林或灌丛中，其果实、根、种子均可入药。立夏时节由于温度升高，雨水增多，王瓜的藤蔓开始快速攀爬生长。

山城立夏

立夏时节，山城大部分地区陆续进入夏季。在冷、暖空气交替控制下，会出现强对流天气，多地出现短时强降水、雷电、阵性大风和冰雹等灾害性天气。主城白天以晴好多云天气为主，降水量较谷雨时节偏少，在气温、雨水影响下，万物生长状态旺盛。

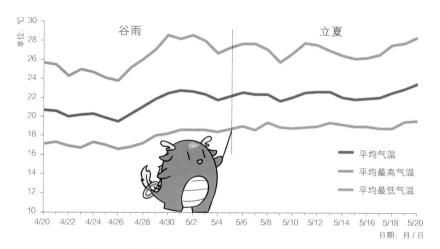

1991—2020年谷雨、立夏时节主城平均气温、平均最高气温、平均最低气温逐日变化图

初夏的山城，各色花儿飞速盛开，各种蔬果加快了成熟的步伐，似乎一切的节奏都变得明朗和欢快起来。随着气温升高，酢浆草浓烈盛开，给夏日的天空增添了浪漫的色彩；龙眼花灿然绽放，干净的花瓣带着水气平添一处宁静；马鞭草迎着阳光摇曳，艳丽的花海吸引着觅食的昆虫，生机盎然地随着夏风起舞。

酢浆草　　　　　　　　龙眼　　　　　　　　柳叶马鞭草

碧空如洗

春夏交替之际的风，
吹来了满地的活力与希望，
漫步立夏时节，演奏夏的乐章。
黄瓜嫩黄而清脆，透着饱满的甘甜，
枇杷金黄而圆润，显着满满的水润，
核桃翠绿而青涩，溢着勃发的生机，
一路体验生命的美好。

黄瓜

枇杷

核桃

豆娘

阳光下，
黑斑侧褶蛙蓄势待发，
蓝尾石龙子捕食时活力十足，
豆娘轻展薄翅，飘逸而灵动，
鹊鸲煽动两翼，在天空中留下优雅的轨迹。
夏日的序幕已经拉开，你感受到了吗？

黑斑侧褶蛙

蓝尾石龙子

鹊鸲（幼鸟）

立夏里的我们

"立夏麦苗节节高，平田整地栽秧苗。"勤劳智慧的山城人民正充分利用土地资源、农业技术帮助农作物生长，他们忙着修整田地、采摘收获、煎炒晾晒等一系列农事活动。

修整田地

藤茶采摘

藤茶炒制

藤茶揉制

藤茶晾晒

立夏，山城气温升高明显，但因有夜雨相伴而不至于过热，适合外出游玩、吟诗作对，"首夏犹清和，芳草亦未歇"，"荷笠带斜阳，青山独归远"。享受初夏时节的碧蓝晴空、马鞭草花海……

游玩赏花

又或者，煮几个熟鸡蛋，与孩子们进行"斗蛋"游戏。蛋分两端，尖者为头，圆者为尾，斗蛋时蛋头撞蛋头，蛋尾击蛋尾，破者认输，分出胜负，感知传统文化带来的乐趣。

萌娃斗蛋

立夏彩蛋

自制人工琥珀

春已逝，夏正长。
立夏时节，万物繁茂，
浸染成鲜翠一片，绿如薄绡，
肆意绽放的花儿为这份生机增色。
时光去，美易失，
将这些美丽长存在琥珀标本中，
夏日之希望常伴身边。

琥珀标本的制作

人工琥珀标本

制作蜜炼枇杷膏

　　时至立夏，就不得不说到"立夏三鲜"之一的枇杷。秋日养蕾，冬季开花，春来结实，立夏果熟，承四时之雨露，获夏之枇杷。枇杷果的味道格外甜美，但却不易长期保存。不如和家人一起在此时制作一罐蜜炼枇杷膏，去籽去皮，切碎加糖小火熬制，将夏日的美味留存得更久。食用枇杷膏有止咳化痰、清肺润燥的作用，对缓解干咳、咽干、咽痛有很好的效果。

立夏三鲜之枇杷

蜜炼枇杷膏

采摘枇杷

制作蜜炼枇杷膏

立夏

枇杷，蔷薇科枇杷属常绿小乔木。叶长椭圆形，状如琵琶，果实在初夏成熟，黄色的小果映在绿叶间，果香阵阵，味道酸甜，有润肺止咳之功效。

小满

潮退露河石
青草绿江堤
盼得倾雨落
小得初盈满

小满初识

小满，时间点在 5 月 20 至 22 日。"小满"一词有两层含义：第一层与作物生长有关，指夏熟作物灌浆乳熟，籽粒开始饱满，但还没有完全成熟；第二层与降水有关，意思是如果田里蓄不满水，可能会造成田坎干裂，影响植物生长。

一候　苦菜秀

小满时节，万物小得盈满，尚未丰收，正是青黄不接之际，而此时苦菜正枝繁叶茂。在过去穷苦的日子里，百姓们不得不挖苦菜充饥。

二候　靡草死

所谓"靡草"，是一类喜阴的植物。小满时节，天气渐热，阳光渐毒，全国各地开始步入夏天。靡草耐不住太阳暴晒逐渐枯萎，这种现象正是小满节气阳光渐强造成的。

三候　麦秋至

麦秋的"秋"，指的是百谷成熟之时。虽然时间还是夏季，但对于麦子来说，籽粒逐渐饱满，到了成熟的"秋"，所以叫作"麦秋至"，意味着收获的前奏。

山城小满

　　小满时节，山城气温较立夏节气整体呈上升趋势，暑气初露锋芒；降水量较立夏节气有所增多，降雨之后气温下降明显，变得凉爽怡人。在雨水滋润下，生机益然，万物充盈。

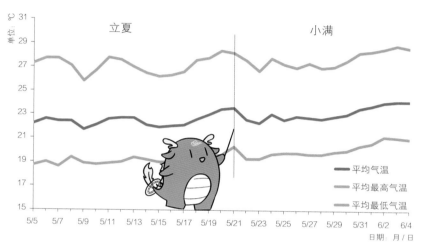

1991—2020年立夏、小满时节主城平均气温、平均最高气温、平均最低气温逐日变化图

　　"物至于此，小得盈满。"山城的小满，夏暑未至，春寒已远，是一年中最均衡、理想且具美感的日子。此时，荷花亭亭，麦冬花开，栀子馨香，好一幅迷人的初夏风光图！夏熟水果也陆续登场：蓝莓裹霜，光泽诱人；杨梅紫红，饱满多汁；桃李新熟，压弯枝头……这都是初夏山城给人的惊喜！

荷花亭亭　　　　　　麦冬花开　　　　　　杨梅多汁

格桑花开

花开初夏，芳香馥郁，

格桑花漫山遍野，随风摇曳，

栀子、茉莉洁白淡雅，沁人肺腑，

绣球花繁茂蓬勃，色彩多变……

吹着夏天的微风，

闻着夏花的芬芳，

小满时节，

一切都刚刚好！

栀子　　　　　　　　　绣球　　　　　　　　　花生

白鹭

"水满有时观下鹭，草深无处不鸣蛙。"
清晨的阳光洒向大地，
偶有的蝉鸣拉开盛夏序幕，
雏鸟叽喳，等待投喂，
白鹭在林间、水边漫步，
池塘传来阵阵蛙鸣……
小满至，夏初始。

天蛾（幼虫）

雏鸟

蟾蜍

小满里的我们

"漫天紫花封幽静，落英缤纷心放晴"，六月毕业季，蓝花满树飘零落，如梦时光藏心间。蓝紫色的云霞下，正值少年毕业，有欢笑，也有不舍，但更多的是对开启人生新篇章的期待！

赏蓝花楹

漫步山城大街小巷，总能遇到摆摊阿婆和她的栀子花，这是山城一道亮丽的风景线，卖的是栀子花开，买的是旧日情怀。

卖栀子花

栀子花

小满时节，四季豆、茄子、西红柿等时令果蔬相继成熟，清热解暑的苦瓜也摆上了人们的餐桌，小满吃苦，已成习俗。

西红柿　　　　　　　　　　　　　苦瓜

此时，也是一年之中农事的重要节点，田间地头一派繁忙：人们忙着铲除杂草；趁着雨后天晴，修剪柑橘；将红薯套种在玉米田间，充分利用单位面积光照，提高光合效率。

铲除杂草　　　　　　　　　　　　修剪柑橘

套种红薯

采摘九叶青花椒

小满到，花椒香，
重庆江津是我国著名的"花椒之乡"，
九叶青花椒更是其中的优育品种，
对降低血压、缓解牙痛效果显著。
山城的小满时节，
采花椒，制椒油……
农人们脸上都洋溢着收获的喜悦！

理花椒

制椒油

凉皮的制作

凉皮起源于秦始皇时期，是一种传统的美味小食。山城的小满，气温高于北方，寒露霜降时节种下的小麦早已熟透，收割完毕，淡淡的麦香已然在巴渝飘荡许久。将小麦磨成面粉，制成舌尖上的美味凉皮，用美食犒劳自己！

小麦的一生

从小麦到凉皮

美味凉皮

制作凉皮

彩色凉皮

　　栀子花，又名栀子、黄栀子，栀子属常绿灌木。叶色四季常绿，花芳香，是重要的观赏植物。山城的 6 月，栀子花上市，四散飘香。

芒种

艳阳辣辣
梅雨潇潇
夏花绚烂
明艳夺目

芒种初识

芒种，时间点在 6 月 5 至 7 日。"芒种芒种，忙收忙种"，这是一个典型的反映农业耕作的节气，黄河流域的小麦等夏熟作物忙着抢收，晚谷等夏播作物忙着播种。"秧苗入土四野香，自南向北皆农桑"，说的就是芒种时节的繁忙景象。

一候　螳螂生

螳螂，无脊椎动物，生活周期在一年内完成，有卵、若虫、成虫三个发育阶段。螳螂一般在前一年深秋产卵于林间的树枝、树皮，次年芒种时节，温度升高后小螳螂会破壳而出。

二候　鵙（jú）始鸣

鵙又叫伯劳鸟，生性凶猛，是重要的食虫鸟类。芒种时节正是伯劳鸟的繁殖期，因此鸟儿开始频繁鸣叫吸引异性。

三候　反舌无声

一说"反舌"即反舌鸟（乌鸫），芒种时节乌鸫进入孵化哺育期就不再仿效别的鸟叫，即"反舌无声"；另一说"反舌"特指中华大蟾蜍，因其舌根长在口腔前部，舌尖向后，故为"反舌"。芒种时节，蟾蜍大量出来活动，因其没有声囊，故为"无声"。

山城芒种

"艳阳辣辣卸衣装，梅雨潇潇涨柳塘"，芒种代表着仲夏的开始，对于地处西南的山城而言，平均气温超过 24 ℃，降雨量接近 100 mm。在这样一个温暖潮湿的节气里，土地也进入了最有生命力的时候。

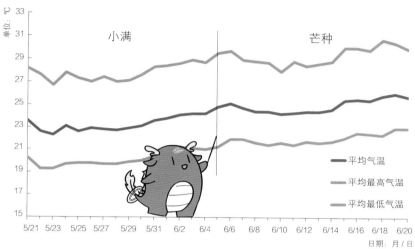

1991—2020 年芒种、小满时节中心城区平均气温、平均最高气温、平均最低气温逐日变化图

仲夏的山城，绿叶间闪耀着雨滴，花朵吐露着芬芳。微风轻拂，公园里米兰绽放，庭院里美人蕉绚烂，市区街头紫薇盛开，果园中板栗初结、光皮木瓜挂果……共同渲染出一幅色彩夺目、明艳动人的夏之画卷。伴随着温度升高，动物的活动也日渐频繁，鸟儿们在枝头跳跃舞蹈、啁啾歌唱，庆祝这食物充沛的时节。

米兰绽放　　　　　　　美人蕉绚烂　　　　　　　紫薇盛开

硫华菊开

"夏花别样红，风过满芬芳"，
硫华菊、向日葵亭亭玉立，娇羞绽放，
黄桷兰、百子莲吐露芬芳，姿态万千，
萱草、蜀葵婀娜多姿，争奇斗艳……
夏花绚烂，如云似锦，
为仲夏山城增添靓丽色彩！

向日葵

黄桷兰

萱草

小䴙䴘（亲子）

凤头鹰捕食小鸡，身姿矫健，
伯劳鸟驻足枝头，自立门户，
乌鸫四处觅食，全心哺育，
小䴙(pì)䴘(tī)精心育雏，延续后代……
温暖潮湿的芒种，正是孕育生命的好时候！

凤头鹰　　　　　　　伯劳（幼鸟）　　　　　　乌鸫（亲子）

芒种里的我们

　　芒种时节，是夏收、夏种、夏管的"三夏"大忙时节。虽然山城雨日多、雨量大，但是勤劳的农人们依然会趁着雨停的短暂空隙，抓紧时间为葡萄和猕猴桃套袋，进行松土除草等一系列农事活动，耕种与收获在此刻完美地交织在一起，奏出一曲热闹的夏日赞歌。

葡萄套袋

猕猴桃套袋

松土除草

六月的山城，桃子、李子等夏季水果已是硕果累累，进入最佳采摘季，寻一个好天气，忙里偷闲带上家人，走进果园，一起去感受采摘的乐趣，体验收获的喜悦。

采摘李子

采摘桃子

　　采完果子，来到江边，江风拂过，这里便成了孩子们夏日玩水的好去处，你看，他们在水中嬉闹着，一会儿打水仗，一会儿玩沙子，开心极了！

江边玩水

采摘粽叶

当芒种遇上端午，
放眼望去，野艾茸茸，
门悬艾、佩香囊，
祈盼避邪驱瘟、幸福安康，
极目远眺，粽叶舒展，
采摘新叶，回家包粽子咯……
清香四溢的粽子，柔嫩细腻的咸鸭蛋，
就是端午的味道！

门悬艾

佩香囊

制作端午节传统美食——粽子

在我国，端午食粽的习俗流传已久。每年的 5 月初，山城人民都要洗粽叶、浸糯米、包粽子。你知道哪些植物的叶片适合作粽叶吗？你想了解粽子的制作方法吗？请走进传统美食——端午·粽子！

端午粽子

粽子

包粽子

芒种

　　向日葵，菊科植物。山城重庆以热情洋溢著称，象征着明亮阳光的向日葵自然深得市民和游客的喜爱。涪陵大木花谷，秀山石耶镇鱼梁村等地都是向日葵的极佳观赏点。

夏至

炎炎夏日暑气来
碧水清荷花盛开
浓荫深处听蝉鸣
萤火灯笼迎风摆

夏至初识

夏至，时间点在6月20至22日，太阳直射地面的位置到达一年的最北端，几乎直射北回归线，这是北回归线及其以北地区一年中正午太阳高度最高的一天，北半球各地的白昼时间会到达全年最长。"至者，极也"，这便是夏至。

一候　鹿角解

成年雄鹿常有角，鹿角会周期性地生长、脱落，通常在春季新生，夏至节气脱落，古人将鹿角脱落谓之"鹿角解"。

二候　蝉始鸣

蝉，俗称"知了"。每年夏至时节，蝉最后一次蜕去外壳，便发育成熟，进入交配繁殖期。此时，雄蝉靠震动鼓膜发出嘹亮的歌声，以吸引雌蝉前来交配。

三候　半夏生

半夏，俗称"麻芋子"，块茎有毒，但经炮制后方可入药，有燥湿化痰、祛寒的功效。半夏喜阴，常在每年夏至过半的时候开始出现，古人称为"半夏生"。

山城夏至

山城的夏至，阳光越发充足，日照时数增多，气温较芒种时节持续走高，降雨更为频繁，雨势也更加急骤，甚至有时会出现"东边日出西边雨"的景象。降雨之后，因为水蒸气聚集，使得多山的重庆时常掩映在云雾仙境中，景色分外迷人。

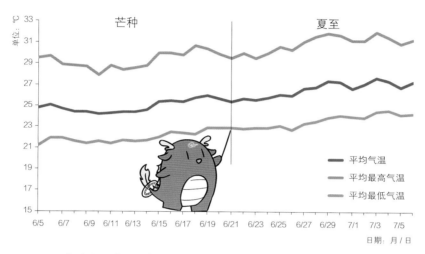

1991—2020年芒种、夏至时节主城平均气温、平均最高气温、平均最低气温逐日变化图

夏至到，昼始短，夜更长，滂沱大雨时常随性而来，景色氤氲在水汽中，伴随着气温的升高，水汽逐渐消散，山城的景色终得以窥望，一处一点皆是惊喜。山野间，假连翘朵朵张扬，再力花枝枝繁茂，梭鱼草株株成簇，一花一叶，一色一景；山林中，高亢的蝉鸣回荡在烈阳中，鸟儿的低语掩映在树林里。此时的山城，夏至已至，一派热闹之景。

假连翘　　　　　　　再力花　　　　　　　梭鱼草

绿草如茵

雨意与夏意相遇的夏至，
是生长的希望，
也是补给的喜悦。
沉甸甸的南瓜，红彤彤的西红柿，饱满的葵花籽，
浓郁的果香伴着傍晚的清风，
叫人心醉，令人喜悦。

南瓜

西红柿

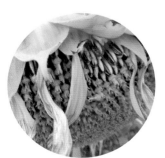

葵花籽

蜻蜓

午后，伴随我们入睡的，

除了外婆轻摇的蒲扇，

还有阵阵高亢的蝉鸣，

荷花上立着的蜻蜓，

树叶上战斗的虎甲，

是夏日的生机，也是自然的美景，

傍晚时分，去林间丛中寻觅观察，

童年细碎的时光，便在这点点细节间悄然溜走……

蝉

鹿蛾

虎甲

夏至里的我们

夏至时节，雨水充足，各种蔬菜相继成熟，与此同时，杂草、病虫也迅速滋长蔓延，进行正确的田间管理对农作物的生长很关键，应及时去除杂草，避免其争夺养分，合理防治病虫害，提高作物产量。

收番茄

除杂草

防害虫

晾烟草

田间管理很关键，抓住好时机进行夏种也很重要。阳光到，水分足，勤劳的人们开始准备栽种第二季玉米，顺应自然的生长，期待收获的喜悦。

挖除上一季玉米秆

锄地　　　　　　　　　　　　　施底肥

播种　　　　　　　　　　　　　浇肥水

赏荷

荷花盛放，
在雨后的凉爽之时，赏一幅夏日清凉美景。
景色正好时，美食更增色，
夏日宜避伏、清补，
凉面能降火开胃。
吃过夏至面，一天短一线，
应气候之变化，调身体之气息，
顺应自然，亦能融入自然。

凉面拌料

夏至食面

制作驱蚊香囊

夏日炎炎，香囊应时生。佩戴香囊，有避邪驱瘟之意，也有点缀之用。丁香、藿香、紫苏、艾叶……囊内中药飘香味，红色、绿色、黄色、紫色……囊外丝线扣成索，形形色色，玲珑夺目；一针一线，饱含祝福。

制作驱蚊香囊

驱蚊香囊

制作驱蚊香囊

夏至

　　莲，莲属多年生水生草本植物。种子和地下茎均可食用，其花色红、粉、白兼具，品种繁多。夏至的山城正是莲盛开之际，主城华岩寺、永川十里荷花都是极好的赏荷之地。

小暑

小暑款款至
盛夏徐徐行
风动莲生香
心静自然凉

小暑初识

小暑，时间点在 7 月 6 至 8 日。民间有"小暑大暑，上蒸下煮"的谚语，"暑"指炎热，"小"指热的程度，"小暑"的意思就是天气开始炎热。但小暑和大暑谁更热呢？它们往往"没大没小"，不同年份，热度各有千秋。

一候　温风至

小暑日后，我国大多数地区的日最高气温已达 30 ℃以上，迎面吹来的风里都裹着热浪，让人感觉置身于蒸笼之中。"温风"是古人以天气最热时的高温和小暑时的次高温相比较而产生的一种感觉。

二候　蟋蟀居壁

小暑时节，地面温度升高，蟋蟀在地下觉得闷热，就会从土穴中出来，离开田野，爬到屋檐下或阴凉的墙壁上来乘凉。

三候　鹰始鸷（zhì）

"小暑过，一日热三分。"天气越加炎热，鹰借助上升的热气流盘旋空中，如箭般捕捉食物，更加凶猛。幼鸟也开始飞出巢穴，练习捕食，搏击长空。

山城小暑

小暑来临，山城便开始展示她别样的热情，气温持续走高，同时雷雨天气开始增多，降雨量增大，长江、嘉陵江等河流的水位上涨明显，洪涝灾害时有发生。

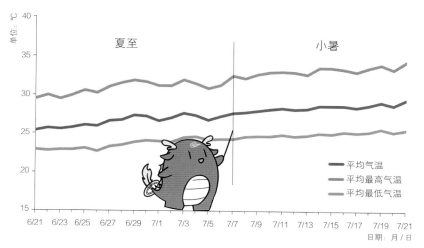

1991—2020 年夏至、小暑时节主城平均气温、平均最高气温、平均最低气温逐日变化图

小暑时节的多雨、高热，使得山城的生物越加明媚生动。水稻扬花抽穗，菊芋绽放金黄，色泽鲜艳的木槿花开得分外热闹；荷花凋谢展莲蓬，荔枝果熟挂枝头，海桐果忙着积蓄能量努力成长；蝉鸣伴暑热，蛙声催生凉，福寿螺悄悄产卵，期待延续家族的生命力量；蜗牛成群栖息在墙角，享受雨后的清新空气。花在笑，果尤俏，欢快的动物在嬉闹，勤劳的人们追着农时跑。

水稻扬花　　　　　　　菊芋绽放　　　　　　　荷花凋落

绿叶葱翠

小暑至，盛夏始，
昙花沁、莲间雨，共得浮生一日清凉；
稻花香、秋葵盛，同享心头一丝恬静；
高粱红、百果香，等候夏日一份收获；
繁花满地、绿叶葱翠、硕果累累，
这就是盛夏！

荔枝

百香果

黄桃

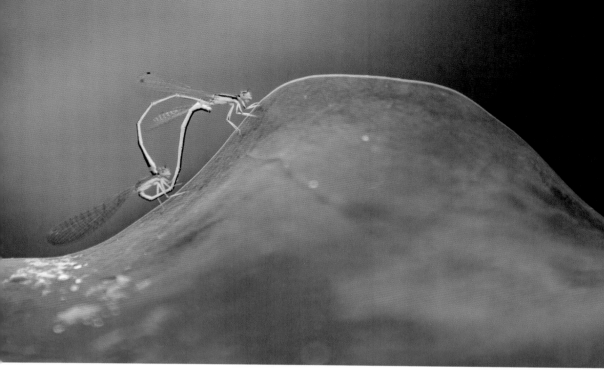

豆娘交尾

暑气升腾，
却丝毫没有影响小动物们的欢乐生活。
蝉躲在叶丛中声声地叫着夏天，
雌雄豆娘在水边拥抱成"心形"，
跳起"爱的华尔兹"，
中华剑角蝗在阳光的缝隙里上蹿下跳，
想要觅一方清凉，
候忽温风至，因循小暑来。

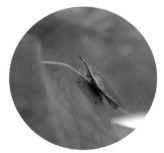

蝉　　　　　　　　　福寿螺产卵　　　　　　　中华剑角蝗

小暑里的我们

　　小暑至，暑热难当，但对农人们来说，似火的骄阳、轰隆的雷声、欢快的雨点，催促着作物加快成熟的脚步，迎来了夏日蔬菜瓜果的大丰收：黄花遍地，豇豆长成，生姜成熟，二荆条辣椒一筐筐……

摘黄花

摘豇豆

收生姜

二荆条辣椒丰收

"节到小暑进伏天，天气无常雨连绵。"小暑的山城"有雨则水深，无雨便火热"，高温高湿的"桑拿"模式正式开启，但山城人民各有消暑妙招：山涧戏水打闹，湖边静心垂钓，公园亲子纳凉……天气越是燥热，我们越要提醒自己平心静气，心静自然凉！

泳池嬉闹

"桑拿"垂钓

公园纳凉

探究荷叶表面的结构特点

暑天至，寻清凉，得心静，

可隐于庭院，池水泛波，鱼戏动荷；

观云涌，听风吟，临水行，

可隐于诗书，执一书卷，捧一凉茶；

身未动，心已远，

可隐于课堂，识莲解荷，艺术创作。

做一朵云，推动另一朵云。

观察荷花结构并解剖莲蓬

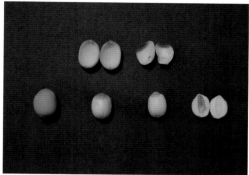

学生作品

✋ 制作消暑甜品——烧仙草

　　"万瓦鳞鳞若火龙，日车不动汗珠融。"闷热潮湿的天气，适合吃一些清凉解暑的食物。烧仙草是近年来颇受欢迎的一款消暑甜品，让我们一起来制作烧仙草，再配上安神清心降火的新鲜莲子，与家人一起享用吧！

烧仙草

烧仙草

　　黄花菜，又名金针菜、忘忧草，百合科多年生草本植物。黄花菜是山城人民夏日餐桌上必不可少的一道美食，秀山、城口地区多有种植。

大暑

夜热依然午热同
开门小立月明中
竹深树密虫鸣处
时有微凉不是风

大暑初识

大暑，时间点在 7 月 22 至 24 日，这个时节往往骄阳似火，万里无云，日照时间长，高温天数多，可以说整个节气都笼罩在高温之中。可谓是"大暑"者，乃炎热之极也！

一候　腐草为萤

萤指的是萤火虫。古人观察到每逢夏夜，腐草间就会出现萤火虫熠熠发光，便误以为草木腐败后化为萤火虫。其实是由于大暑时节正值萤火虫繁殖之际，它们将卵产在潮湿多水、杂草丛生的地方，成虫也喜欢生活在草木繁茂之处，故在夜晚时出现"腐草为萤"的现象。

二候　土润溽(rù)暑

大暑时节，我国受副热带高压暖湿气流影响，空气潮湿闷热，土壤中的水分不易蒸发而湿润，是谓"土润溽暑"。因湿热，人们戏称大暑是"上蒸下煮之时"。

三候　大雨时行

"行，降也。"在雨热同季的大暑，天空中随时都会形成雨滴落下，少顷却又雨过天晴，是谓"大雨时行"。大雨使暑湿减弱，天气开始向立秋过渡。

山城大暑

重庆的大暑，气温持续上升，最高温度可达 35 ℃以上，降水总量较小暑时节却减少近三成。在骄阳的炙烤下，山城"炉火"正旺。

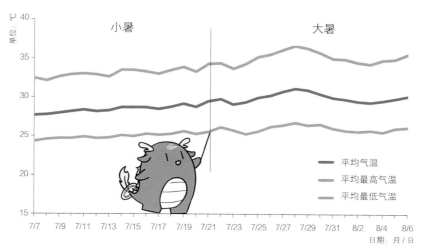

1991—2020 年大暑时节主城平均气温、平均最高气温、平均最低气温逐日变化图

大暑的山城，温度高，空气湿度大，人们熬苦夏，植物则乐夏。紫薇、茉莉、醉蝶花、大花马齿苋等植物尽情盛放；丝瓜、黄瓜、苦瓜、茄子、西瓜等蔬果目不暇接。肥沃的田野里，澄澈的池塘畔，葱绿的林子间，各色动物放声歌唱，或悠扬婉转，或激情豪放……炙热的阳光与湛蓝的天空交织，绣上棉花般的云朵，缀以繁茂的深绿，这便是山城的盛夏时光。

醉蝶花　　　　　　　　茉莉花　　　　　　　　大花马齿苋

稻穗低垂

绿树葱茏，艳阳高照，
明黄的水稻，在田里笑弯了腰，
火红的朝天椒，不服输地仰着头，
葡萄蔓上成串的骊珠，甘甜得快要化掉，
构树枝头成熟的果实，鲜艳得令人惊叹。
愿你也能承载着最热烈的光，寻找生命最璀璨的模样！

朝天椒　　　　　　　葡萄　　　　　　　构树果实

蜻蜓

沼泽里，回荡着蟾蜍低沉的鸣声；
草丛中，隐藏着蝗虫觅食的痕迹；
树干上，透露出天牛交尾的行踪；
湖面上，倒映着蜻蜓款款的身影；
万物荣华，奔赴夏季最后的狂欢！

蟾蜍

蝗虫

星天牛交尾

大暑里的我们

夏日炎炎，高温酷热也阻挡不了农人们田间地头忙不停歇的脚步。沉甸甸的玉米，亟待剥粒和晾晒，家家户户，一片丰收之景。此时的劳作，一动便汗如雨下，但每一滴汗水，最终都将映照着农人们丰收时的喜悦。

收玉米

剥玉米

晒玉米

玉米丰收

城里的人们不必追赶农时，但待久了空调屋，也想换个环境。有的约挚友到海拔更高的四面山、武陵山等地寻一方清凉。白天溪畔戏水，夜晚山间露营，清流映月，星河灿烂，好不浪漫；还有的携家人前往果园，饱满多汁的葡萄、香梨，任君选择，尽情享受夏日的阳光。无论哪种生活，都蕴含着别样的盛夏之乐。

灿烂星空

摘葡萄

摘梨

流萤点点

暑热难消的傍晚，你能在乡野中找到一丝恬静吗？
侧耳倾听，风中飘来蟋蟀的窸窣；
低头细嗅，空气中弥散着茉莉的幽香；
抬头凝视，夜空中的点点流萤意与星光媲美。
求偶、交配、产卵、死亡，
原来是大自然又唱起了新一轮的生命之歌！

卵

幼虫

蛹

成虫

萤火虫的变态发育过程

翡翠凉粉的制作

臭黄荆俗称"豆腐柴"，多年生小乔木，分布于重庆、四川、贵州等地。因其树叶含有大量对人体健康有益的天然食用果胶，所以可用来制作凉粉。

巴渝清凉美食——
翡翠凉粉

臭黄荆制成的凉粉如翡翠般晶莹碧透，有退火、清凉、解毒、活血、降压之功效，是夏日消暑佳品！

摘臭黄荆叶

洗臭黄荆叶

吃翡翠凉粉

大暑

　　玉米，俗称苞谷、玉米棒子，禾本科一年生草本植物，是世界上
重要的粮食作物。在重庆，每年雨水节气开始育苗，春分移栽，谷雨
追肥，小暑嫩玉米上市，大暑成熟收获。

立秋

夏尽金风至
万物已惊秋
秋日农事忙
抢收稻满仓

立秋初识

立秋，时间点在8月7至9日。"立"即从这一天开始，暑去秋来，气温逐渐降低。"秋"由"禾"和"火"字组成，即禾谷成熟，迎来了收获的季节。

一候 凉风至

凉风至，即立秋后吹起凉爽的偏北风。受季风气候的影响，立秋后，黄河流域冷空气活动频繁，清爽的北风给人们带来丝丝凉意，天气慢慢发生变化。

二候 白露生

立秋后由于白天日照仍很强烈，但夜晚凉风习习，形成一定的昼夜温差，空气中的水蒸气便在室外植物上凝结成了一颗颗晶莹的露珠。

三候 寒蝉鸣

寒蝉，指昆虫纲、蝉科、寒蝉属的一类动物，体型较小，叫声低微，有黄绿斑点，翅膀透明。雄性寒蝉在立秋节气开始鸣叫求偶，召唤雌性寒蝉完成交配，称"寒蝉鸣"。

山城立秋

　　立秋，意味着秋季的开始。在气象学上，入秋的标准是日平均气温或5天滑动平均气温小于22 ℃且大于或等于10 ℃。全国大范围的立秋时间常常是在9月以后，重庆平均入秋时间是9月28日。山城的立秋时节，暑气犹在，"秋老虎"威力正盛，是全年第二热的节气。

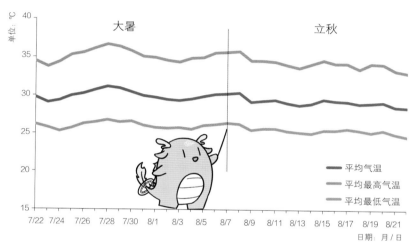

1991—2020年大暑、立秋时节主城平均气温、平均最高气温、平均最低气温逐日变化图

　　"自古逢秋悲寂寥，我言秋日胜春朝。"浅秋的风，藏着夏末的余温，唤醒各色花儿，葱兰、蝴蝶姜争相盛开，鸡冠花、夹竹桃艳丽似火。大地也迎来了收获的季节，山间田野到处是农人们忙碌的身影，金灿灿的稻谷颗粒归仓，秋葵、花生的采收也正热火朝天地进行着。

葱兰　　　　　　夹竹桃　　　　　　蝴蝶姜

虹架山城

高大的复羽叶栾树满树金黄，
攀援的使君子花别致优雅，
木本的夜香树阵阵清香……
清风拂过，秋花秋叶亦醉人。
紫色的无花果丽颜招展，
红心的猕猴桃挂满枝头，
紫红的火龙果诱人采摘……
皆是一片丰收景象。

使君子

猕猴桃

无花果

白领凤鹛

夏去秋来，虫鸟知秋声。
雨过微凉，蝉鸣凄切，
　　吟唱生命挽歌；
凉风有信，双蝶缠绵，
　　续写生命华章；
秋风过耳，凤鹛伫立，
　　架构生命蓝图……

黑蚱蝉

透顶单脉色蟌

蝴蝶交尾

立秋里的我们

　　"一叶梧桐一报秋，稻花田里话丰收。"伴着伏天溽热，稻穗逐渐脱苞伸展，一粒粒稻谷逐渐由空瘪变得饱满、由软变硬，此时，一季稻迎来了真正的成熟。风吹稻浪，满眼金黄，田间响起的收割机隆隆轰鸣声，那是对农人们最好的赞歌。

收获水稻

与此同时，许多应季瓜果作物也迎来了丰收。一串串芝麻、一个个秋葵、一节节麻竹笋、一颗颗芋头，农人们采摘着、收获着，忙亦快乐。

收芝麻

收秋葵

收麻竹笋

收芋头

果园里的猕猴桃、火龙果大量成熟，尝上一口，爽口多汁，美味尽享，暑热尽消。

摘猕猴桃

摘火龙果

挖花生

正值暑假，走进田野，
跟随农人们挖花生，探究花生的一生。
水稻成熟，进入稻田，
体验收割水稻，
真切体会"粒粒皆辛苦"。
桃胶溢出，来到桃园，
亲手采收桃胶，采撷十里桃林"晶莹泪"。

收花生

晒水稻

收桃胶

制作凉虾

凉虾是重庆地区颇受欢迎的特色小吃，由大米磨浆煮熟而成，加上红糖汁和冰块，香甜软嫩，入口冰凉。炎炎夏日，来一碗清凉Q弹的凉虾，好不惬意！来一起尝试制作属于你的消暑甜品吧！

消暑甜品——凉虾

凉虾

备食材

调米浆

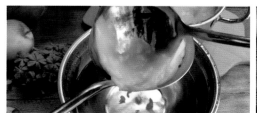

定形状

加糖水

立秋

　　水稻，稻属谷类作物，代表种为稻。原产于中国和印度，水稻所结果实即稻谷，稻谷脱去颖壳称糙米，碾去米糠层即可得到大米。在重庆，每年立秋时大量成熟，农人们忙于抢收。

处暑

处暑满地黄
家家修廪仓
夏衣临晓薄
秋影入檐长

| 处暑初识 |

处暑，时间点在8月22至24日。"处"有终止之意，意味着炎热暑气的消散，即将进入气象学意义上的秋天。处暑以后，太阳高度继续降低，所带来的热力也随之减弱，因此，处暑是反映天气由炎热向凉爽过渡的节气。

一候　鹰乃祭鸟

鹰的视觉发达，即使在千米以上的高空翱翔，也能发现地面上的猎物。秋天，由于食物丰富，鹰会大量捕捉猎物并把猎物摆在地面，如同陈列祭祀一样，故曰"鹰乃祭鸟"。

二候　天地始肃

受到气温降低的影响，树叶开始凋零，昆虫逐渐走向生命的末端，天地间的万物开始沉寂，充满了肃杀之气。古人为了迎合自然规律，顺应天地的肃杀之气，会将判处死刑的犯人在这一时间问斩，即"秋后问斩"。

三候　禾乃登

"禾"指的是黍、稷、稻等谷类植物的统称，"登"是成熟的意思，意味着各类谷物开始成熟。水稻是南方人的主食，重庆各地于处暑前后收割其黄澄澄的果实，晾晒加工之后即为"大米"。

山城处暑

正所谓"处暑天还暑，好似秋老虎"，重庆的处暑，大部分地区最高气温仍在 30 ℃以上，"秋老虎"余威仍在持续，功力不可小觑。但较立秋而言，气温有所下降，降水量也略有减少，这意味着闷热潮湿的夏季渐远、秋的脚步已经临近。

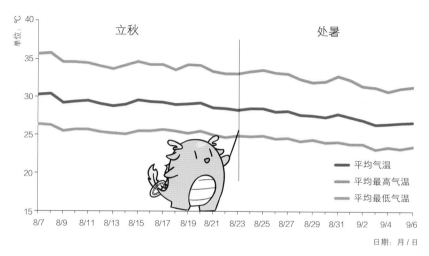

1991—2020 年立秋、处暑时节主城平均气温、平均最高气温、平均最低气温逐日变化图

初显的秋凉，带来五谷丰登、瓜果缀枝的喜悦。黄豆颗颗饱满，裂开的豆荚分享着喜悦；枸杞果实累累，悄悄地将甘甜缀满枝丫；红灿灿的二荆条辣椒挂满枝头，向艳阳展示着如火的热情；漫山遍野葱郁火红的高粱垂着头，低调上演成熟大片……山城各处的土地上映现着色彩斑斓的秋日风景。

枸杞　　　　　　　　二荆条辣椒　　　　　　　　高粱

火烧云海

暑气氤氲中，壮阔的火烧云海布景于天空，
忽地笑破土而出，纵无叶作伴也傲笑山川，
韭菜花贴着翠绿的苔茎，在秋风中款款摇曳，
方竹笋吸吮自然灵气，自上而下发满山间。
处暑，
丰草争茂，演绎着欲衰前的极盛，
佳木葱茏，酝酿着层林尽染的宏图。

忽地笑　　　　　　　韭菜花　　　　　　　方竹笋

交尾的蛾

处暑的天空，
云渐淡，天仍蓝。
凤头蜂鹰迁徙着寻找新的家园，
斑头鸺鹠躲藏在树梢上观察着猎物，
虽秋蝉为自己的生命奏起绝响，
但蛾在草间交尾孕育新的生命，
秋凉微起，生机仍在。

凤头蜂鹰　　　　斑头鸺(xiū)鹠(liú)　　　　蝉

处暑里的我们

　　处暑，仍是一个忙碌的时节。利用这个时节的气温、雨水，人们抓紧时间进行栽种，等待新一轮丰收。素有"辣椒之乡"之称的重庆石柱迎来辣椒采摘的高峰，同时莲白、葱、胭脂萝卜的栽种正如火如荼地展开，黄豆种子在敲打中破荚而出，豇豆也已成熟待收，中药五倍子也到了收获之时。农人们更想趁着秋高气和晾晒五谷，以待冬藏。

栽莲白

栽葱

栽胭脂萝卜

打黄豆

院坝里，玉米高粱迎接着阳光的炙烤；簸箕里，辣椒、豇豆接受着高温的干燥……农人们的"晒秋"，晒出了丰收，晒出了喜悦！

晒秋

偶尔得了空闲，取些新晒的稻谷和黄豆，打新米、做豆花，配上肉食，开启"吃新"仪式。扶老携幼，长幼有序，犒赏一年的辛苦劳作，期盼来年硕果满仓。

"吃新"仪式

种子贴画

秋收的种子，除了可供食用外，
也能创作为精美的工艺品，
让我们准备好各色种子，
绿豆、红豆、黑豆、黄豆、芝麻等，
发挥奇思妙想，
定格最美瞬间，
创作独一无二的种子贴画。

制作种子贴画

制作豆瓣酱

处暑是鲜红的二荆条辣椒大量上市之时，也是川渝地区家家户户制作川菜经典调料——豆瓣酱的日子。利用米曲霉在生长代谢的过程中产生的淀粉酶和蛋白酶，分解豆瓣中的淀粉和蛋白质，化为具有甜味的分子糖化物和鲜味的氨基酸类，赋予酱品甜味和鲜味，进而形成豆瓣酱的独特风味。将剁碎的辣椒和发酵好的豆瓣加入米酒、啤酒、菜籽油、食盐拌匀，封存数月后，收获的不仅是揭盖时扑鼻而来的浓郁芬芳，还有每日餐桌上的美好滋味。

豆瓣酱的制作

豆瓣酱

制作豆瓣酱

处暑

辣椒，茄科辣椒属一年生或多年生草本植物。叶互生，花白色，果实长指状，未成熟时为绿色，成熟后多呈红色，味辣。在重庆一般于雨水节气育苗，春分种植，处暑丰收。重庆石柱因所产辣椒品质优良，被称为"辣椒之乡"。

白露

朝收白露
暮看晚霞
晚风吹叶
秋意渐凉

白露初识

　　白露，时间点在 9 月 7 至 9 日。"露"是白露节气常常会出现的自然现象。清晨或夜晚的露珠晶莹剔透，太阳光照在上面发出洁白的光芒，故谓之"白露"。此时，全国日平均气温降至 20 ℃以下，北方地区多秋高气爽的天气，南方地区高温日数较立秋、处暑节气也明显减少，平均气温持续降低。

一候　鸿雁来

　　"八月初一雁门开，鸿雁南飞带霜来。"诗句中"八月初一"为农历八月，恰逢白露时节。此时，鸿雁会排成行从北方迁飞到温暖的南方来越冬。

二候　玄鸟归

　　"玄鸟"即燕子。白露过后，燕子感知了气温渐冷的变化，开始大规模越冬迁徙，飞离我国，到中南半岛、印尼一带越冬。

三候　群鸟养羞

　　"群鸟"形容较多的鸟类。"羞"为粮食，"养羞"即贮存粮食。白露过后，天气变冷，很多鸟类开始贮存大量粮食以备过冬。

山城白露

白露的山城，送走高温酷暑，迎来绵延秋雨，高温日数较处暑节气明显减少，平均气温降低，降雨总量略有减少，昼夜温差较大，冷热交替，人们也在早晚时候披上了薄薄的外衣。

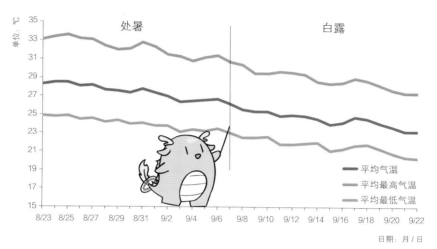

1991—2020年处暑、白露时节中心城区平均气温、平均最高气温、平均最低气温逐日变化图

白露，天高日回，烟霏云敛，意味着仲秋时节的开始，初秋残留的暑气逐渐消散，寒生露凝。秋雨过后，栾树花洒落一地，桂花挂上花蕾，萝卜苗破土而出。白露时节的秋，盛放在植物的花朵中，藏匿于叶的香气里，花和叶伴随着秋收的气息，是对辛苦一年的人们最好的馈赠！

栾树花落　　　　　　　桂花含苞　　　　　　　萝卜出苗

龙眼缀枝

白露时节，凉意渐袭，瓜果生长仍正当时，
刺梨结了果，金樱子染了黄，龙眼挂满了枝，
柿子愈发圆润，佛手柑胀开了"手掌"，
红艳艳的枣被雨水拍落一地，
芭蕉却还好好地生长在枝头。
初生与成熟，就这样悄然接替，延续秋日生机的绵长。

刺梨　　　　　　　柿子　　　　　　　佛手柑

戴胜

秋风起兮白云飞，
草木黄落兮雁南飞。
灰头麦鸡和蜂鹰感受到秋凉开始迁徙，
蝽静静地感知渐浓秋意，
戴胜伴着徐徐的秋风清鸣，
各种动物为秋日的山城注入了新的活力……

灰头麦鸡

蜂鹰

蝽

白露里的我们

　　忙于农事的人们，在收获与耕作的往复更迭中，体味纯真的田野生活，创造出一片红火之景。地头里，存够糖分的甘蔗急需人们去整理品尝；莲塘中，沉睡了一夏的莲藕等待人们去采挖；在播种大蒜、移栽草莓中，各种农作物的气息与秋光融为一体，年年岁岁被酿成生活的蜜糖，滋润着农人们的辛苦劳作，也蕴藏着人们对来年美好的期许。

整理甘蔗

采挖莲藕

播种大蒜

移栽草莓

经处暑收割晾晒的水稻，在白露节气里打成新米，做成米皮、米线，送来秋日的清香。"白露必吃龙眼"，白润如玉的果肉，带来秋日的蜜糖，被誉为"龙眼之乡"的重庆丰都具有适宜龙眼生长的气候、土壤、水利灌溉条件，已经有上千年的龙眼种植历史。民间更有"春茶苦，夏茶涩，要喝茶，秋白露"的说法，秋日里品一口白露茶，吃一粒秋日果，回味唇齿间留存的芳香，感受节气美食带来的惬意。

摘龙眼

卖龙眼

制作手工米粉

品茶

白露观鸟

白露时节，山林中显现黄腹山雀的生活趣景：
一剥果皮，二搬种子，三藏秋实，
鸟儿萌趣的动作里隐含了适应自然的深意。
将视角转向课堂，孩子们和老师一起：
观其形，解密龙眼特征，
品其味，享受果肉甘甜，
还可亲手绘制小花盆，将龙眼种子种下，
悉心浇灌，精心呵护，记录生长变化。
叶片生长中，红绿交错间，
小龙眼长成小森林。

手绘"龙眼小森林"花盆

龙眼小森林

　　白露时节品尝龙眼，将吃剩的龙眼种子播种在盆中，待植株长大后，就可以得到一盆茂盛的"龙眼小森林"了。快来动手试试吧！耐心养护，"龙眼小森林"会尽情彰显生命的活力！

白露时令水果——龙眼

"龙眼小森林"

种植"龙眼小森林"

　　龙眼，无患子科龙眼属植物。常绿乔木，通常高10余米。在重庆，龙眼一般在立夏时开花，白露时成熟上市。重庆丰都种植龙眼已有上千年历史，丰都兴义镇更是被誉为"龙眼之乡"。

秋分

秋期过半
风和气爽
菊黄蟹肥
桂子飘香

| 秋分初识 |

秋分，时间点在 9 月 22 至 24 日，全球各地昼夜平分，之后太阳直射点继续由赤道向南半球推移，北半球开始昼短夜长。此时，我国大部分地区已经进入凉爽的秋季，农作物和瓜果也大量成熟，自 2018 年起，秋分被正式定为"中国农民丰收节"，以此寄托对乡土的情感，分享丰收的喜悦。

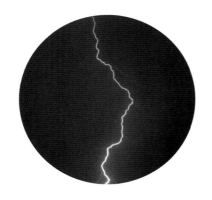

一候　雷始收声

秋分时节，随着太阳辐射的减少，空气强对流活动减弱，雷电发生频次也在减少。雷声减少不但暗示着暑气的终结，也在提醒秋寒的开始。

二候　蛰虫坯户

"蛰"是指藏匿起来，不活动也不进食；"坯"是指细土。由于天气变冷，一些昆虫和其他动物开始在土壤中修建自己的巢穴，并用细土将洞口封住，以防寒气侵入，为越冬做准备。

三候　水始涸

秋分时节降雨量开始减少，由于天气干燥，水汽蒸发快，所以湖泊与河流中的水量变少，一些沼泽及水洼变得干涸。但此时重庆等地会受到华西秋雨影响，缠绵细雨持续到 11 月左右。

山城秋分

秋分后的山城，降水总量与白露时节相当，但雨日增多，日照时数较白露时节减少近两成多。"一场秋雨一场凉"，随着秋雨降落，天气转凉，秋分的平均气温较白露节气明显下降，降温幅度仅次于小雪。

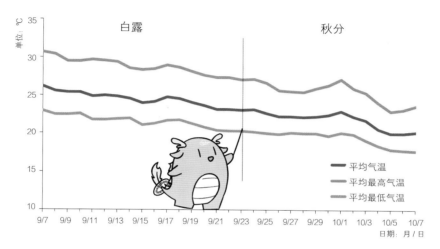

1991—2020年白露、秋分时节主城平均气温、平均最高气温、平均最低气温逐日变化图

秋意渐浓，偶有树叶微黄，泛黄的鹅掌楸随风飘舞，黄马褂般晾在枝头。各色桂花在秋风中盛开，风吹桂香来，雨打桂花落，分外美丽。石蒜、十大功劳、曼陀罗等百花争艳，在这个逐渐冷凄的时节，努力彰显着生命的力量。板栗、核桃、红枣、石榴相继成熟，到了丰收的季节，开启了火红的采摘季。

| 鹅掌楸 | 石蒜 | 十大功劳 |

秋水层林

秋水击石，秋色染叶，
经历了夏的生长、初秋的积累，
果实逐渐饱满，个个籽实丰足。
带刺的蓖麻果随风摇荡，
甜香的乌柿圆润火红，
通红的石榴甜蜜晶莹，
饱满的板栗颗颗绒衣，
这是秋的收获与满足。

蓖麻果　　　　　　乌柿　　　　　　石榴

白鹭

白鹭飞掠树冠，
优雅地伸展翅膀；
蜘蛛扒拉着琴弦，
弹奏着秋的旋律；
蜜蜂携粉，
飞舞着回到蜂箱；
蝴蝶在花丛中翩跹，
把秋点缀得更加妖娆。

蜘蛛

蜜蜂

蝴蝶

秋分里的我们

"秋分到，农事忙。"农人们迎来秋收、秋耕、秋种的"三秋"大忙阶段，冒着雨播种沙堡萝卜、油菜，移栽莴苣、伞花菜，割茭白、敲板栗、剥核桃、摘柿子，好不热闹。

播种沙堡萝卜　　　　　　　　　　播种油菜

栽莴苣

割茭白

敲板栗

剥核桃

摘柿子

金秋时节庆丰收，秋分恰逢"中国农民丰收节"，蒙眼摸鱼、鸭子赛跑、玉米抢收、镰刀快手……在农事活动中，游客们体验收获的乐趣，感受农业丰收的成果，学习农人们辛勤劳作的精神。

庆祝"中国农民丰收节"

当秋分遇上中秋，家国团聚，赏景品月饼，好不惬意！农人们打糍粑迎接节日，将蒸好的糯米放入石槽中，用杆子一下下杵着，待打成糊状、杆子不能再往上提时，便将其放在铺满面粉的案板上，取一团拉长按扁，平整地压成圆饼状，摊薄晾着。待干后，取一块切条油炸蘸红糖，吃起来真是软糯香甜。

品月饼

打糍粑

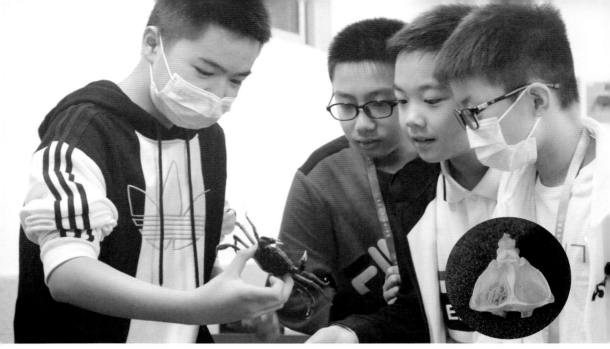

观蟹(找"蟹和尚")

丹桂飘香，蟹肉肥美，
母蟹吃黄，公蟹吃膏，
秋分正是食蟹忙。
取蟹观察，辨其公母，
蒸煮过后，尽享美味。
还可找找"蟹和尚"，
寻觅端坐参禅的意境。
桂花酒、石榴酒亦是怡情美味，
酿好后小酌几杯，品味秋色之甘甜。

做桂花酒

做石榴酒

制作手工月饼

制作桂花蜜

八月桂花遍地开，花朵小巧，气味香浓。保存桂花最好的方法，就是酿制桂花蜜了。桂花，不仅闻之清新，还可以为时令美食锦上添花。接下来，酿一罐桂花蜜吧，不辜负秋桂给予人间的慷慨馈赠。

桂花蜜

精选桂花

桂花与蜂蜜分层入罐

桂花蜜

　　桂花，木犀科木犀属常绿灌木或小乔木。叶对生，呈长椭圆形，经冬不凋。花生叶腋间，花冠合瓣四裂。其园艺品种繁多，最具代表性的有金桂、银桂、丹桂、月桂等。在重庆，桂花秋分盛放，芳香扑鼻。

寒露

袅袅凉风习
凄凄寒露至
萧萧梧叶落
处处秋菊盛

寒露初识

　　寒露，时间点在 10 月 7 至 9 日，是一个反映气候变化特征的节气。相比白露，寒露是天气由凉爽到寒冷的过渡，地面的露水更冷、更多，露珠寒光四射。

一候　鸿雁来宾

　　从白露到寒露，大雁先后飞往南方过冬。"雁以仲秋先至者为主，季秋后至者为宾"，相较白露节气，寒露时南迁的鸿雁相对较晚。按照"先到为主，后至为宾"的说法，晚到的大雁便被当作"宾客"对待。

二候　雀入大水为蛤

　　深秋天寒，古人发现此时鸟雀难觅踪影，海边却恰巧出现了大量的蛤蜊，其颜色、条纹与雀鸟十分相似，便误以为这是雀鸟飞入大海后变成了蛤蜊，实则是古人对飞物化为潜物的生命轮回的美好期盼。

三候　菊有黄华

　　寒露时节，草木零落，百花凋零，耐寒的菊花却迎着秋风傲然盛放。山间野菊也悄然绽放，漫山遍野的菊黄，秋风中弥漫着清香，为萧索的秋日增了颜色，添了芬芳。

山城寒露

"空庭得秋长漫漫，寒露入暮愁衣单。"寒露节气，相较秋分，山城的气温下降速度更快，天气明显变凉。此时，虽然降水量有所减少，但巴渝大地依旧细雨绵绵、薄雾萦绕，不禁叫人感到丝丝寒凉。

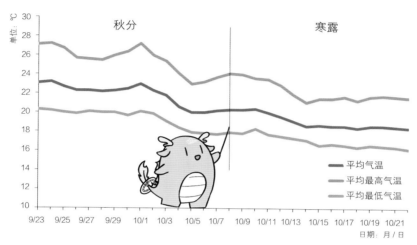

1991—2020 年寒露时节主城平均气温、平均最高气温、平均最低气温逐日变化图

寒露时温度的急剧下降，加快了山城深秋之景的出现。秋风袭来，梧桐叶落、荷花凋残，使薄雾烟雨中的山城透出些许萧瑟。尽管如此，依旧有新生在巴渝大地上演：茅草飞绒，野菊含苞，枳椇新熟，冬枣诱人，萼距花星星点点，铁冬青簇拥枝头，木芙蓉染胭脂色……一切都在秋风与晨露中改换新颜！

梧桐叶落　　　　　　　　野菊含苞　　　　　　　　木芙蓉染胭脂色

秋色醉人

山抹微云寒露生，
若是有幸恰逢一个晴天，
芒、芭茅、钻叶紫菀……
随风飞绒，
柔软的绒毛包裹着新的生命随风升腾，
与山水相逢，
便是一场新的轮回。

芭茅

荻

莎草

野生鸳鸯越冬栖息

寒露的山城，
不乏精灵与自然共舞，
椿象与扁豆、蜜蜂与野菊、
瓢虫与芭茅、蛱蝶与马鞭草……
动与静的结合，
是山城不期而遇的美好与灵动。

椿象与扁豆

蜜蜂与野菊

瓢虫与芭茅

寒露里的我们

"寒露一到百草枯，薯类收藏莫迟误。"寒露正是山城红薯成熟收获的时节，勤劳的农人们踏着微凉的朝露而来，荷锄翻土收新苕、播种冬小麦、施肥种苗……农活儿结束之后，带上一箩筐沉甸甸的红薯，哼着乡间小调，回家。

挖红薯

沙堡萝卜间苗

拾稻

山城的园艺菊花次第开放，园博园、鹅岭公园等地也开始了一年一度的菊花展。品种多样、造型各异、色彩丰富的菊花，迎着秋风璨然绽放，为这秋日带来了别样的韵味。

菊花展

　　寒露气温凉爽宜人，秋日出游再合适不过。在忙碌的工作之余，或登高，或垂钓，或赏秋日美景，或去郊外写生……在绚烂的秋景中，乘着秋风，去寻觅寒露时节独有的静美与斑斓。

垂钓

赏景

写生

认识菊花的结构

秋菊多姿色，
舌状花、管状花，
白、红、黄、紫、绿……
千姿百态，竞相盛放。
观其形，解其构，
了解秋菊奥秘。
花泡茶，枝扦插，
唇齿留香，芬芳满室。

识菊

彩色菊制作

自然状态下，菊花以黄、白、红、绿、紫等单色居多，要改变菊花的颜色，可以借助杂交技术或者转基因技术，但最为简易的方式是染色。利用植物的输导组织在运输水和无机盐时将水溶性色素分子携带至全身，并不断沉积，使植物呈现出色素的颜色。

制作彩色菊

除了用人工合成的色素对菊花进行染色，自然界是否存在具有相同染色效果的天然色素呢？动动手，我们一起在实验中寻找答案吧。

彩色菊作品

研磨提取天然色素

静置观察色素稳定性

观察天然色素染色效果

　　木芙蓉，原产中国，锦葵科木槿属落叶灌木或小乔木。喜温暖湿润气候，不耐寒，适于生长在长江流域。重庆寒露时正是盛花期。

霜
降

晚秋渐凉
露结为霜
草木枯黄
叶落飞扬

| 霜降初识 |

　　霜降，时间点在 10 月 22 至 24 日。黄河流域地表温度降到 0 ℃或以下，水汽在近地面物体上直接凝华成细小的冰晶，形成了霜。霜降节气，天气渐冷、初霜出现，意味着冬天即将到来。

一候　豺乃祭兽

　　以豺狼为代表的兽类，在深秋时开始大量捕获猎物，食用不完就将猎物陈列，古人们认为这是在祭祀天地，其实，这是大型哺乳动物贮存食物越冬的行为，是动物适应环境的表现。

二候　草木黄落

　　秋分之后，天气渐凉，草木渐渐有秋黄变色之意，但变化较为缓慢。霜降之后，气温更低，偶有初霜，霜降寒冻使得大部分草木枯黄凋落。

三候　蛰虫咸俯

　　霜降之后，随着气温降低，各种具有冬眠习性的动物都躲进了洞中休眠，不吃不动，以挨过天气寒冷、食物匮乏的冬天。

山城霜降

重庆的霜降，与寒露相比，气温下降略显缓慢。虽依旧时常烟雨萦绕，但降水量较寒露节气减少近三成，日照时数有所增加。城口率先出现初霜，含主城在内的西部地区出现时间较晚，一般在1月下旬，其他区县则是在11月中旬至12月下旬。

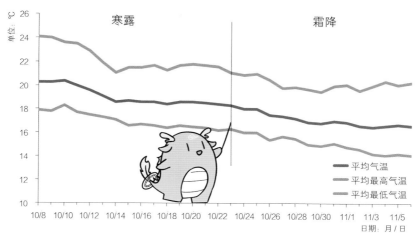

1991—2020年寒露、霜降时节主城平均气温、平均最高气温、平均最低气温逐日变化图

伴随着气温下降，山城的深秋之景在朦胧细雨中着薄雾轻纱，摇曳而至。秋风拂过，红了糖槭，黄了含笑，翻飞的地锦在空中跳俏……漫山遍野开始变成金黄色、朱红色，层林尽染，如霞似锦。秋色愈发浓郁，那迎风舞蹈的木棉花，那开怀大笑的海桐果，那圆润金黄的柿子，都在传递着秋的热情。

糖槭泛红　　　　　　　海桐果实　　　　　　　柿子金黄

层林尽染

火棘涨红了脸，
金弹子乐弯了腰，
枇杷含苞吐蕊，
金荞麦花开带露，
八角金盘渐次绽放。
花果草木，
就在这饱满的色彩间，
释放深秋的生命力。

火棘　　　　　　　　　金荞麦　　　　　　　　　八角金盘

负蝗抱对

冉冉岁华晚，动物渐闭关，
但有些可爱的生灵依然没有停下生命的舞动，
霜降的山城，
昆虫抱羞，鸟儿繁忙，
负蝗抱对，蛱蝶翩跹，
在挂满果实的黄葛树上，白头鹎胖得变了模样。

瓢虫

白头鹎

美眼蛱蝶

霜降里的我们

随着天气越来越冷，农事活动理应减少，但山城的农人们依旧在田间地头为冬的到来而忙碌。他们在地里种下小菜，只为冬日能吃上一口新鲜的蔬菜；在田间收获饭豆，等待着隆冬时与风干的萝卜一起炖出一锅别具风味的羹汤。一粥一饭，皆在这弯腰荷锄中变得香甜。

收获饭豆

清理荷塘

移栽油菜苗

每年这个时候，正是奉节收获中药材——牛膝之时。牛膝成熟后，地面叶片枯萎，地下根可入药，具有通经活血的功效。农人们催着老黄牛牵引犁耙破开土地，采收埋在土壤中的牛膝根。

收获牛膝

蜜橘和菱角也大量上市。山坡上，蜜橘丰收，黄澄澄的果实挂满了枝头，尝一口，甘甜似蜜；秋风起，菱角香，河里一个个"小元宝"被采收进了篮子，吃一个，清香可口。

摘蜜橘

采菱角

挖红薯

正值红薯收获季，
你拔一个，我挖一双，
校园农场里忙得热火朝天！
挖完红薯，整理土地，
再整整齐齐地栽下白菜，
等待瓜菜成畦。
小小的农场里，
收获与新生正同时上演！

栽白菜

观察叶片中的色素

霜降时节，草木黄落，植物逐渐换上"金装红衣"。叶片为什么会变装呢？这和植物叶片中的叶绿素（叶绿素a、叶绿素b）、叶黄素、胡萝卜素和花青素等色素有关，它们的含量和比例决定了叶片的颜色。让我们采集不同颜色的叶片，通过实验，看看它们含有的色素有什么不同吧！

观察叶片中的色素

观察叶片

采集叶片

提取色素

　　黄栌，别名红叶，原产我国西南、华北和浙江，漆树科黄栌属落叶小乔木或灌木。叶片秋季变红，鲜艳夺目，霜降时昼夜温差大于10℃时，叶色变红，是我国重要的观赏红叶树种。

立冬

冬之初始
寒风已至
万物收藏
期盼冬阳

立冬初识

立冬，时间点在11月7至8日，是冬季的第一个节气。"立"为建立、开始之意，"冬"，终也，万物收藏也。意思是说秋季作物全部收晒完毕，收藏入库，动物也开始做着各种越冬的准备。

一候　水始冰

在我国北方，立冬时节常常伴有大风降温和雨雪天气。一般来说，立冬一过，就逐渐进入寒冷季节。偏北地区的地面温度常降至0℃，水面上开始结起一层薄冰。

二候　地始冻

"冰冻三尺，非一日之寒。"立冬之时，便是冰冻之始。北方的秋收早已结束，一场雨落，泥土表层往往会出现一层薄冰，脚踩上去，"咯吱"作响。

三候　雉入大水为蜃（shèn）

雉为野鸡一类的候鸟，蜃为大蛤。立冬后，野鸡一类的大鸟便不多见了，海边却可看到外壳条纹颜色与野鸡相似的大蛤。古人便认为雉到立冬后变成了蜃，实则是种误解，野鸡因天气寒冷外出活动减少，而大量繁殖的大蛤因冬季水枯裸露在沙滩上。

山城立冬

　　立冬时节，正午太阳高度继续降低，日照时间继续缩短，受冷空气和降水的共同影响，全国平均气温降幅 6 ～ 8 ℃。山城将逐渐从干燥少雨的秋季气候转为阴雨寒冻的冬季气候，气温较霜降持续走低，但主城气温仍在 10 ℃以上。根据气象学进入冬季的标准，重庆实际的入冬时间在 11 月上旬至 12 月中旬。

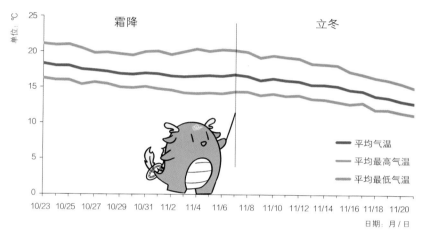

1991—2020 年霜降、立冬时节主城平均气温、平均最高气温、平均最低气温逐日变化图

　　冷气凭着翻山越岭的风，由北向南慢慢洇润。重庆地处西南，山脉阻隔之下，冬天姗姗来迟。立冬的山城，气温虽降，黄花绿叶还努力张扬着生机，迎风而立，一花一叶均带妖娆；枝头上挂着的累累果实，从容地展现着魅力，一枝一果尽显丰饶；蛙虫虽已噤声，但林间偶现留鸟和候鸟，一腹一羽皆蕴食粮。

<table>
<tr><td>野菊花绽放</td><td>南天竹结果</td><td>韭菜结果</td></tr>
</table>

残荷犹立

火炭母一簇簇小花绽放，洋溢着活力，
黑心菊张扬着她的美丽，尽显出希望，
豆蔻结出扁球形的果实，沉淀了年华，
花与果，带着生机与风采，
在季节交替之间，
努力展现着自己的魅力，
绽放存在的价值！

火炭母

黑心菊

豆蔻果

北红尾鸲

黑天鹅在池中展示着优美身姿，
留鸟红尾水鸲为过冬储备着体内脂肪，
棕腹仙鹟在林间驻留，
红胁蓝尾鸲、蓝额红尾鸲、北红尾鸲翘首以盼，
停歇着的候鸟们补充体力，为继续南迁做着准备。

棕腹仙鹟

红胁蓝尾鸲

蓝额红尾鸲

立冬里的我们

立冬后的山城日渐寒冷，但耐寒的叶类和根类蔬菜还在生长，同时也迎来了二季水稻的大收获，田间沉甸甸的稻穗正是给辛勤劳作的人们最好的冬季见面礼。

蚕豆苗　　　　　　　　　　　豌豆苗

二季水稻　　　　　　　　　晾晒二季水稻

窖藏红薯

立冬，是万物收藏的季节。人们对收获的农作物，除了贮存外，还可收晒研磨，制作成农家产品，用心储备成冬日美食。而城市里的"美化师"们，也开始修剪树枝，帮助植物过冬。

制作红薯丝

制作红薯粉

修剪树枝

提取精油

立冬时节，柠檬成熟，
神清气爽的香气扑鼻而来，
提取出藏在分泌腔中的柠檬精油，
加入润唇膏中，保湿滋润，锁住唇部水分。
再来一块柠檬精油手工皂，
让这个冬天暖色洋溢，呵护备至。

提取精油

检测还原糖

挑战吃柠檬

自制润唇膏　　　　　　　　　　　自制手工皂

护手霜制作

冬季需要注意手部肌肤的保养，护手霜有保湿锁水、滋润的功能，能有效改善手部皮肤干裂的问题。在基础款的护手霜中添加柠檬精油，带来清新感受的同时，还有美白、平衡油脂的功效。尝试制作护手霜吧，这份小礼物一定会让家人、朋友在冬季倍感温暖！

制作柠檬精油护手霜

手工护手霜

立
冬

　　香橙，芸香科柑橘属植物。种类繁多，主要分为甜橙、血橙、红橙、脐橙、冰糖橙。立冬的山城香橙刚好上市，橙香浓郁，色泽鲜艳，多汁爽口。

小雪

迎冬小雪至
应节晚虹藏
飞雪如花落
岁岁又年年

小雪初识

小雪，时间点在 11 月 22 至 23 日。自小雪节气开始，西北风成为常客，但天气尚未过于寒冷，虽有降雪，但雪量不大，故称"小雪"。

一候　虹藏不见

进入小雪后，全国范围内降水明显减少，看不到彩虹了。南方地区特别是重庆，虽偶有降雨，但日照少，自然"虹藏不见"。要再次看见彩虹，需等到来年清明。

二候　天气上升，地气下降

古人将高空中的气称为"天气"，下降到地体中的气称为"地气"。天气下降即为雨，地气上升即为云。进入小雪后，降雨减少，这种气候不适宜万物生长。

三候　闭塞而成冬

古人认为：天气上升，地气下降，降雨减少，天气与地气无法相通，因此，天气闭塞而转入严寒的冬天。此时，万物萧条，逐渐失去生机，人们会想办法将秋天收获的食物保存起来，保证整个冬季的食物供给。

山城小雪

进入小雪后，气温较立冬节气持续下降，全国日平均气温降幅超过 3 ℃，但各地区的气候特征仍然有很大差异。以重庆为代表的西南部地区较全国温暖许多，日平均气温仍在 10 ℃ 以上，小雪的山城，仍有别样的物候现象。

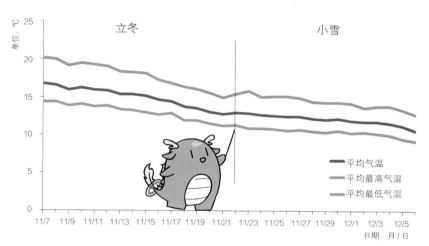

1991—2020 年立冬、小雪时节主城平均气温、平均最高气温、平均最低气温逐日变化图

"小雪到，冬始俏。"小雪的山城正是冬日最靓丽的时候：经了寒的地锦，泛起微红；新上市的赶水萝卜，为人们的餐桌提供一抹冬的风味；繁盛如雪的枇杷花，在寒风中热情摇曳……含苞待放的结香、悄然盛开的羊蹄甲、结出翠绿果实的蓝花楹，各色植物齐聚，伴着鸟儿的歌声，共同谱出山城初冬收获的炫彩华章。

枇杷花繁　　　　　　　赶水萝卜　　　　　　　羊蹄甲盛

红叶缤纷

色木槭的黄叶在空中打了个转，诉说秋的离去，
鸡爪槭改换红装，迎接冬的到来，
八角金盘和草珊瑚的果实，紧紧挨挨地，
或立于枝头，或藏于叶间。
看似萧条的山城初冬，
自有一幅丰饶景象！

色木槭　　　　　　　　八角金盘　　　　　　　　草珊瑚

红嘴鸥

鸟儿们依然活跃跳俏，
池边有白鹭飞过，
合川迎来红嘴鸥迁徙越冬，
枝头有灰椋鸟停歇，
有丝光椋鸟小憩，
也有麻雀叽喳，
有这群精灵相伴，
山城从不寂寞。

白鹭　　　　　　　灰椋鸟　　　　　　麻雀

小雪里的我们

大街小巷的银杏，
在冬日暖阳里织起一片金黄。
漫步银杏大道，
看黄叶随风飞舞，
任阳光洒落肩头，
开怀畅聊，
实乃人生乐事！

冬日暖阳

漫步银杏大道

看黄叶飞舞

小雪至，寒风凛，人们不但对树干涂白以防虫、防冻，也会对血橙苗进行移栽，以待来年苗壮成长。同时，还会趁着暖阳，清理蜂箱、制作柿饼、晾晒黄豆……储存冬日所需的食物，过一个富足的冬天。

树干涂白

移栽血橙苗

清理蜂箱

制作柿饼

晾晒黄豆

制作榨菜

酸辣脆甜的榨菜，

香甜醇美的甜酒，

细腻绵柔的腐乳，

蕴藏着先辈的巧思，更蕴藏着家的味道，

在唇齿之间氤氲弥散，

是舌尖与心灵的碰触，

是治愈漂泊的良药，

是中华文化千年发展与沉淀的写照。

制作榨菜

制作辣白菜

发酵甜酒

制作腐乳

小雪至，腐乳香——尝试制作腐乳

　　腐乳，口感细腻，细品回味无穷。传统中医认为腐乳性味甘、温，具有活血化瘀、健脾消食等作用。现代营养学证明，豆腐在经过发酵后会产生更多利于消化吸收的必需氨基酸，以及一般植物性食品中没有的维生素 B_{12}。准备好老豆腐、腐乳曲，相信你也能做出美味的腐乳。

探秘舌尖上的腐乳

唇齿留香的腐乳

小雪

　　银杏，银杏科银杏属植物。雌雄异株，叶扇形，有长柄，簇生于短枝顶端。银杏为中生代孑遗的稀有树种，系中国特产，被称为植物界的"活化石"。

大雪

气温骤降寒冬至
月冷花凄雾色浓
不见长亭杨柳绿
谁知好景在云峰

大雪初识

大雪，时间点在12月6至8日。"大雪，十一月节。大者，盛也。至此而雪盛矣。"大雪并不是指降雪量的增大，而是指与小雪相比较，大雪温度更低，降雪或积雪的概率增大。大雪标志着仲冬时节的正式开始。

一候　鹖（hé）鴠（dàn）不鸣

鹖鴠，亦"鹖旦"，积雪封霜，寒风侵肌，"夜鸣不已"的寒号鸟也不再发出鸣叫。现代科学证明，古人所说的寒号鸟并非鸟，而是一种啮齿类哺乳动物，学名复齿鼯鼠。

二候　虎始交

"虎始交"是说大雪时节老虎开始有求偶行为。据资料记载，不同的老虎交配的季节不同，大多数老虎交配没有固定时间，而分布在高山寒冷地区的东北虎是在冬季交配。

三候　荔挺出

"荔挺"为马蔺，鸢尾科鸢尾属多年生草本植物。植株高，叶宽，花紫蓝色，淡雅美丽，花密清香，自然分布极广，全国各地都有生长。"荔挺出"是说大雪时节，荔挺已开始抽出新芽。

山城大雪

　　大雪时节的山城，很多高海拔地区最低气温已降至 0 ℃或以下，但主城日平均气温持续在 10 ℃左右。强冷空气往往会带来阴雨或雪天，早晨气温比较低，近地面湿度大，常常出现成片的大雾区。

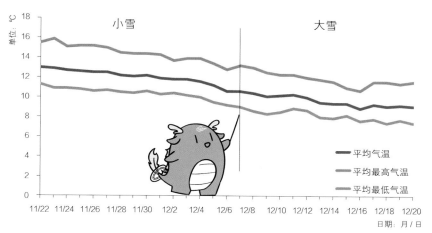

1991—2020 年小雪、大雪时节主城平均气温、平均最高气温、平均最低气温逐日变化图

　　此时，大部分区县已经进入冬季，呈现出冬日里的别样美景，银杏黄叶飞舞飘落，宁静且安详，不由让人感叹岁月静好！巫山红叶越发绚烂，迎来一年中最漂亮的时节。奉节脐橙、梁平蜜柚、万州红橘、巴南五布红橙、长寿沙田柚相继登场，只为让人们品尝这一口冬日里的鲜甜。凛冬已至，多数动物进入冬眠或找到合适的地方过冬，大自然变得静寂而安宁，正为"冬藏"。

银杏落叶　　　　　　　　巫山红叶　　　　　　　　梁平蜜柚

银装素裹

雪花飞舞，漫天银色，
覆盖了青松的绿，
掩藏了落叶的黄，
让世界变得清静、素洁。
在寒风的吹袭下，
屋檐上的积雪也还没有融化，
一些植物就迫不及待绽放出美丽的花朵，
结出丰硕的果实，
为山城单调的冬季添加了一抹色彩。

乌桕红叶

北美海棠

川莓缀枝

幼虫冬眠

大雪的山城，

河清、岸绿、景美，

鸟儿们都爱上了重庆的冬天，

在这里流连忘返！

还有那可爱的毛毛虫，

懒懒地藏在厚厚的落叶下面，

卷曲着身体睡呀睡，

等待春风把它唤醒。

冬天都到了，

春天还会远吗？

红尾水鸲

斑头雁

翠鸟

大雪里的我们

　　大雪节气，万物潜藏，闲不住的山城人民仍在劳作着，翻土、除草、夯实鱼塘、拔萝卜，好不欢腾。各地柑橘丰收，到处都是忙碌的身影，正所谓，一年好景君需记，正是橙黄橘红时！

夯实鱼塘　　　　　　　　　　　拔萝卜

奉节脐橙丰收

俗语有云："小雪腌菜，大雪腌肉。"不少山城居民的屋檐下都挂着一串串腊肉香肠，形成了冬日里的独特一景。这里的人间烟火，才是诗情画意的生活，才有原汁原味的年味！

灌香肠

晾香肠

晾腊肉

银杏叶插花

春，树叶初长，翠绿嫩黄，
夏，一片葱绿，生机盎然，
秋，叶色黄灿，硕果点缀，
冬，翩翩飘落，满城金黄。
当金黄的银杏叶和广场的绿草坪相遇时，
仿佛是缺少的半圆终于圆满汇合，
那种年华易逝的萧索，
反而更加激起对生的渴望、对春的向往。

银杏的四季轮回

银杏叶艺术品

橙皮清洁剂的制作

大雪时节，橙子、柚子类水果大量上市。人们一般只食用橙子果肉，殊不知常常被我们扔弃的橙子果皮也具有很高的价值。新鲜的橙子皮中含有橙油，其主要成分是柠檬烯。在日常生活中，我们可以用橙子皮制作纯天然的清洁剂来代替化学类清洁剂，既经济又环保。

橙皮清洁剂

橙皮清洁剂

制作橙皮清洁剂

丰都红心柚，芸香科柑橘属植物。丰都县特产的一种柚子，其原种在彭水县，被丰都县引进，并采用嫁接繁殖的方法改进。丰都红心柚以其酸甜适中、芳香味浓而备受消费者喜爱。

冬至

轻笼寒烟
风拂暖阳
春生冬至
梅开愈香

冬至初识

冬至，时间点在 12 月 21 至 23 日。"至"有极致、到头的意思。冬至这一天，太阳直射地面的位置到达一年的最南端（南回归线），随后开始向北移动。因此，冬至是我国白昼最短、黑夜最长的一天。冬至后，白天的时长会渐增。

一候　蚯蚓结

蚯蚓是变温动物，当环境温度低于 5 ℃时，蚯蚓在泥土里把身体蜷缩成一团，开始冬眠。人们把蜷缩身体冬眠的蚯蚓形象地称为"蚯蚓结"。

二候　鹿角解

麋就是麋鹿，一种大型食草鹿科动物，蹄宽大，常栖息在沼泽地带，主要以水草和嫩叶为食。过了冬至，麋鹿的老角脱落，慢慢长出新角。

三候　水泉动

天气寒冷，湖、河表面常有薄冰，但泉眼里的山泉水却在汩汩外流。一是由于来自地下的泉水含有矿物质，降低了水的凝固点；二也表明此时还未到冬季气温最低的时候。

山城冬至

冬至的山城，气温较大雪而言持续走低，迎来了人们所说的"数九寒天"。古人有从冬至这天开始"数九"的传统，每九天算一"九"，一直数到"九九"八十一天，"数九"的过程正是一个寒消暖长的过程。

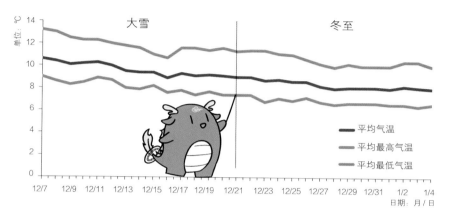

1991—2020年大雪、冬至时节主城平均气温、平均最高气温、平均最低气温逐日变化图

此时，地处西南的山城弥漫着旧日气息，孕育着新年希望。林间溪畔，虎耳草翠绿依然，掉光叶子的法国梧桐干净利落地站在道路两旁！山茶不惧阴冷，枝头的花骨朵正忙着为新蕊初绽蓄积力量。最让人惊诧的是蜡梅，似等不及，已傲寒盛放，小园幽香，在这沁人心脾的甜香中，山城草木思念着往日的繁茂，积蓄着春萌的力量。鸟兽储食御寒，繁衍生息，想赶上这阳历岁末，讨个新年彩头。

虎耳草翠绿　　　　　　　山茶含苞　　　　　　　蜡梅盛放

红果满枝

爬山虎脚印斑驳，然叶痕藏芽，
樱花叶枯飘零，然花蕾已簇，
白英藤已枯萎，然果红盼生，
结香叶已落尽，然花团待放。
入冬，看似草木萧索无情，却早已许下来世芳心，
岁岁年年，一期一会，世事轮回，怎道谁家无情？

樱花花蕾　　　　　结香花蕾　　　　　山霉花开

金翅雀

金翅雀乌桕枝头忙碌，
普通鵟空中振翅翱翔，
苍鹭缩紧了脖子防寒怕扰，
中华秋沙鸭迁徙而至……
山间枝头、楼宇桥边，忙不停歇！

普通鵟 (kuáng)

苍鹭

中华秋沙鸭

冬至里的我们

　　冬至的山城多是阴云天气，但若逢着冬日晴好，农人们便抓紧收获作物、晾晒蔬菜、风干萝卜、及时翻土，期盼来年高产。

晾晒青菜　　　　　　　　风干萝卜　　　　　　　　及时翻土

冬季管护

冬至时，重庆的仙女山、金佛山已是银装素裹。趁着元旦，带着家人踏雪赏梅、滑雪爬山。或约三五好友，围坐炉前，温酒吃羊肉、话家常。这阳历岁末最是繁忙，若是不得空闲，不妨在回家途中买一串"糖人"，品一路甜蜜；采一束蜡梅，带一室芬芳……

雪中游玩

做"糖人"

采蜡梅

制作香薰蜡片

大自然从不吝啬对我们的馈赠：

残枝落叶、干花冬果皆有其独特之美。

在野外、在校园，我们奔跑着、欢笑着，

如获至宝地收集着果实、种子、花朵……

然后风干、烘烤或压制，历经时间的沉淀，留下岁月的印记，

将其制作成独特的香薰蜡片，

挂于床头、衣橱、书房，

精致养眼，持久留香！

香薰蜡片

蜡梅插花

包饺子

种土豆

孢子印创意画制作

食用菌富含维生素和矿物质，是冬季的理想养生食品。食用菌可以通过产生大量的孢子来繁殖后代，孢子位于菌褶上。不同菌类的孢子颜色有所差别，形成的孢子印形状也有所不同。你可以尝试收集不同菌类的孢子进行艺术创作，制作一幅幅别样的孢子印画。

食用菌的栽培 &
制作孢子印创意画

孢子印创意画

冬至

蜡梅，蜡梅科蜡梅属。蜡梅气质优雅，花色独特，气味芬芳，而且底蕴深厚。时至冬至，山城蜡梅陆续绽放，花香弥漫了整座城！

小寒

莹莹漫山雪
遥遥归途暖
忽吹微雨过
便觉小寒生

小寒初识

小寒，时间点在 1 月 5 至 7 日。"寒"，冷气积久而寒，这表明我们已经进入一年中的寒冷季节。这个时候北方冷空气不断南下，我国大多数地区都已进入严寒时期。隆冬一月，霜雪交侵，土壤冻结，河流封冻，冰冷异常。

一候　雁北乡

虽然寒冷的日子还会持续一段时间，但是小寒节气之后，气温即将回升。鸟类对气候的变化总是先知先觉，因此，大雁陆续开始北飞，还乡繁衍。

二候　鹊始巢

小寒时节，天气寒冷。喜鹊已感知到天气即将转暖，所以开始筑巢，为繁育后代做准备。筑巢是鸟类繁殖行为之一，有利于鸟卵的孵化和幼鸟的抚育。

三候　雉（zhì）始雊（gòu）

"雉"，俗称野鸡。广义上的雉是指鸡形目雉鸟类，狭义上的雉是环颈雉。"雊"，求偶鸣声。小寒节气的最后五天，虽寒冷依旧，但离温暖的春季不远了，雄雉开始鸣叫求偶，为繁育后代早早做准备。

山城小寒

　　小寒时节，山城重庆以阴天为主，气温较冬至仍持续走低。日照时数为全年最少，时有阴雨连绵不断，更增添了一份湿冷之气，所以人体感觉尤为寒冷。"数九寒天"中最冷的"三九"和"四九"，大部分时间就在小寒节气中。

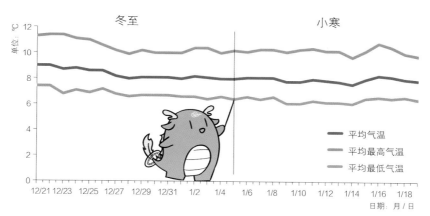

1991—2020 年冬至、小寒时节主城平均气温、平均最高气温、平均最低气温逐日变化图

　　在严寒衬托下，山城的物、景、人显得格外热情：结香在寒风中含羞展颜；水杉羽片风中摇曳，在阳光下熠熠生辉；历经夜晚低温侵袭后被薄薄白霜点缀的西洋杜鹃正傲然开放，灿若云霞，为这严寒带来一抹靓丽的色彩……天愈寒，家愈暖，南飞的大雁感知到春的气息将近，再次开启还乡的旅程。还有那外出工作的人们，也开始准备归乡，将一年的辛劳化作寒冬腊月里的热切祈盼。

结香　　　　　　　　水杉　　　　　　　西洋杜鹃

山茶盛放

充满野性的山茶与山城独特的气候条件完美交融，

在小寒时节准时上演怒放之景，

落落大方，绝不扭捏，

恰如重庆人的性格，

是当之无愧的山城市花。

还有那挂果的火棘，泛红的十大功劳，

生灵万物用饱满和热烈诉说生命的力量。

寒冬将尽，暖春将来，

一切皆值得。

金花茶

火棘挂果

十大功劳泛红

斑头雁迁徙

严寒的天气也不能阻挡鸟儿活跃的身影：
喜鹊衔来树枝开始筑巢，
火尾希鹛低首专心觅食，
白鹡鸰落在小丘片刻休憩，
斑头雁群排成整齐的队列再次开启迁徙之旅……
凛冽寒冬，暗藏生机，
四季轮转，生命不息！

喜鹊筑巢　　　　　　火尾希鹛觅食　　　　　　白鹡鸰休憩

小寒里的我们

寒来暑往，时光悄然流逝，大自然毫不吝啬地在每个节气给予我们最美的丰收：播种土豆，切大头菜丝晾晒腌制成盐菜，晒菜头以待留用，挖折耳根调制成独特美味……寒冷也没能阻挡人们忙碌的步伐：给小麦、油菜等作物追施冬肥，给植物刮去死皮，给蔬菜、花卉等人工覆膜……常怀感恩之心，常存敬畏之意，常为感动之行！

播种土豆

切大头菜丝

挖折耳根

晒菜头

小寒时节，旧岁近暮，新岁即至，山城人用自己的方式迎接新年：杀年猪，吃刨汤；熏腊味，过小年；烤炭火，唠家常……炉火里的红薯溢出甜甜香味，灶上悬挂着的腊肉快要滴出油来，成排晾晒的菜头昭示着一年的丰收……这就是家的味道！

杀年猪

熏腊味

烤炭火

腊八粥

重庆是美食之城，
善于烹饪的山城人赋予猪肉更多的美味吃法，
灌制香肠、做烧白、蒸粉蒸肉、熏腊肉……
小寒时节也是人们制作香肠的高峰期，
一些佐料，几根肠衣，一盆猪肉，一个灌肠器，
在巧手制作中，舌尖上的美味新鲜出炉。
若是小寒再遇上腊八节，那就更热闹了，
腊八粥用料丰富，香甜软糯，
腊八蒜翠绿晶莹，酸辣可口，
带给人们营养与满足。

香肠的制作

灌制香肠

腊八蒜制作

腊八蒜，是用醋腌制的蒜，成品颜色翠绿，口味偏酸微辣。因为多在腊月初八（腊八节）进行腌制，故称"腊八蒜"。腊八蒜是中国传统美食，适度食用可以提高机体免疫力。此外，腊八蒜中含有三种新型活性肽，具有显著抑菌作用，食用可有效预防肠道传染病。

腊八蒜的制作

让我们准备好无水无油的密封罐、大蒜、米醋，一起来制作酸脆可口的腊八蒜吧！

腊八蒜

制作腊八蒜

小寒

山茶，山茶科山茶属常绿灌木或小乔木。不仅是中国"十大传统名花"，也是重庆市市花。山茶品种繁多，花大多数为红色或淡红色，亦有白色，多重瓣，隆冬盛开，花期漫长。

大寒

窗花对联红灯笼
年味浓浓万家涌
寒梅雪中犹吐芳
海棠初放春来到

大寒初识

大寒，时间点在 1 月 19 至 21 日，是二十四节气中的最后一个节气。"寒气之逆极，故谓大寒"，意思是大寒的天气寒冷到了极点。此时，全国大部分地区依然是冰天雪地、天寒地冻的景象，平均气温在 0 ℃以下。实际上，大寒并非最冷的时候，只是与小寒相对，都是表征天气寒冷程度的节气。

一候　鸡始乳

"鸡始乳"指鸡开始孵育小鸡。大寒节气，常观察到母鸡有"抱窝"现象，抱窝是指母鸡张开翅膀伏在鸡卵上，利用自己的体温使鸡卵内的胚胎发育成小鸡。

二候　征鸟厉疾

"征鸟"指远飞的鸟，如鹰、隼等猛禽。大寒节气，很多动物冬藏未出，鹰隼之类的征鸟正处于捕食能力极强的状态，盘旋于空中到处寻找食物，以补充身体的能量，抵御严寒。

三候　水泽腹坚

水域中的冰一直冻到水中央，最厚最结实。此时，北方可以在结结实实的冰面上开展一些适宜的活动。而寒至极处，物极必反，坚冰深处春水生，冻到极点，就要开始走向消融了。

山城大寒

山城的大寒，气温较小寒略有上升，降水量和日照时数与小寒节气相差不大。此时起天气开始有回暖之势，但气温仍然较低，会有严寒之感。过了大寒，又将迎来新一年的节气轮回。

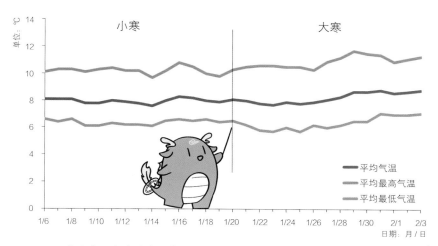

1991—2020年小寒、大寒时节主城平均气温、平均最高气温、平均最低气温逐日变化图

大寒带来了冬天的最后一丝寒意，生灵万物在进化过程中形成各种适应机制：虫鸟冬藏，休养生息；候鸟迁徙，择适而居；植物叶落，化归尘泥……还有很多耐寒植物迎寒而放，为沉寂的冬季带来生机：梅花在凛冽的寒风中展露笑颜；贴梗海棠花姿潇洒，层层叠叠压满枝头；月季果脸蛋羞红，明艳动人……只有经历过寒冷的磨砺，才能挺立起最美的风景。

白梅　　　　　　　　贴梗海棠　　　　　　　月季果实

霜雪交融

冬时将尽，
既有霜雪交融之景，
也有大地苏醒之兆，
水仙抽出花枝，
土豆幼苗破土而出，
血橙成熟挂满枝头……
时光如梭，新故相交，
四季变换，未有停歇。

水仙花　　　　　　　　土豆幼苗　　　　　　　　血橙

红梅绽放

寒冬也阻挡不了生命新篇章的开启，
梅花迎寒而开，花枝灿烂，
用最美的容颜迎接春天的来临。
动物们也忙活起来，
散养的黑猪林间散步，
胆大活泼的麻雀停留地面觅食，
母鸡抱窝完成生命接力，
大寒，是结束，亦是开始！

大寒　梅之韵

黑猪散步

麻雀觅食

母鸡抱窝

大寒里的我们

　　大寒节气发酵着人们沉甸甸的希望，薄发着新一年蓬勃的生机。蒜苗、冬寒菜、小麦郁郁葱葱，人们或除草或采食或施肥管理，盼一年好收成。荣昌区的沙堡萝卜此时最为可口，驱车前往只为得一口香甜。

除杂草

摘冬寒菜

管理麦田

收沙堡萝卜

大寒之时，已到年末，农历新年如约而至，向我们敞开怀抱送来幸福与安康。家家户户开始"忙年"：赶年集，备年货，置新衣，扫屋舍，写春联，吃团年饭……大街小巷、邻舍院里一片喜气洋洋的新年之景。无论身处何方，只要和家人一起，就是一年中最快乐的时光！

赶年集

备年货

吃团年饭

火龙钢花

春节将至，辞旧迎新，
人们用对仗工整、简洁精巧的文字抒发美好的愿望，
一幅幅红红火火的春联为这节日增添一份喜庆之意。
更有那中国非物质文化遗产——火龙钢花在此时上演：
威武的火龙在舞者把竿控制下，
在漫天飞舞的"铁水流星"照耀下，
曲身翻舞、绵延不停，成为最耀眼的新年之景，
真真是"人在龙中舞，龙在火中飞"。
无论哪种迎新形式，都是中国传统文化的瑰宝，
值得我们去品味、去传承、去发扬。

买春联　　　　　　　　写春联　　　　　　　　贴春联

人工孵化鸡卵

自然状态下，鸟类的繁殖具有较强的季节性，母鸡通常会在大寒节气开始孵化。鸡是高度驯化的鸟类，母鸡与公鸡交配后，会形成受精卵，只有受精卵才能孵化出小鸡。通过模拟母鸡的孵化环境，人为状态下也可以用受精的鸡卵完成孵化过程。用科学的方法见证自然的神奇，用亲身的经历感悟生命的力量，用新奇的发现开启未知的大门。准备好受精的鸡卵和器材，一起静待 21 天后的生命奇迹吧！

人工孵化鸡卵

观察鸡卵

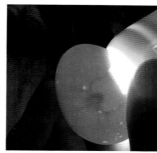
电筒照蛋

雏鸡破壳

即将出壳的雏鸡（左）和出生第 2 天的雏鸡（右）

　　深山含笑，木兰科含笑属常绿乔木。早春白花满树，花大，有清香。
大年初一回老家拜年，在农家小院里遇到一树开得正好的深山含笑，淡
雅脱俗，分外美丽。